BIOLOGICAL MYSTERY SERIES
生物ミステリー

OPPAI

おっぱいの進化史

Evolutionary History of OPPAI

OPPAI

はじめに　～おっぱいの秘密は哺乳類進化の秘密

はたして、おっぱいは どこからやってきたのでしょうか。

これは哺乳類の出現と進化にかかわってくる、いまだ大きな謎の1つです。

哺乳類とは、読んで字のごとく「乳＝おっぱい」を飲ませて子どもを育てる動物の分類群です。私たちヒトもそのなかまであることは、理科の時間に学んでいます。

私たち哺乳類の最大の特徴であるおっぱい（日本語では乳汁と乳房の両方を意味します）の起源については、生物学の上からも解明が待たれる重要なテーマです。哺乳類がどのように誕生し、現生の種までどのような進化を遂げてきたのか、これについては、さまざまな研究が行われて解明されてきています。また、哺乳類の祖先から哺乳類へと進化していくどの段階で、おっぱいを分泌するようになったのか、大昔の地層から発掘された化石からも研究されています。

でもよく考えてみると、現在のような白いおっぱいを出す生物が急に現れたとは思えません。はじめは、分泌の方法も成分も、今とはちがっていたはずです。今日のおっぱいに含まれる成分は、進化の過程のさまざまな段階において獲得されたものだと考えられます。

私は大学生であった頃は、ミルクというとウシが出したもので、ヒトがもらう食べ物だというイメージしかありませんでした。大学から大学院に進学した頃は、牛乳に含まれる乳糖を焼いたときに出てくる香ばしい香りやちょっと焦げたような色を出す化合物にどのように変わっていくか、という研究をしていました。まさに食品科学の研究課題です。

でも大学院の授業の中で、アメリカのジェネスという先生の書いた、いろいろな哺乳動物のおっぱいに含まれる成分についての論文を読み、おっぱいの中は多様な哺乳動物の赤ちゃんにとって、生きるために最も都合のよい成分が、都合のよい割合で含まれていることを知りました。海の中でくらすクジラや、冬ごもりの途中で赤ちゃんを産むクマのおっぱいにも、子どもを成長させるための生理にあった成分が含まれています。そこに生物の進化と適応の神秘性を感じることができました。

また恩師足立達先生の書かれた『牛乳—生乳から乳製品まで』（味覚選書、柴田書店、1980年9月、絶版）という本の、「オーストラリアのカモノハシやハリモグラのおっぱいには、乳糖は少なくてフコシルラクトースやジフコシルラクトースの方が多い」という一文になぜか惹きつけられました。「おっぱいの中の糖は乳糖である」とは高校の化学の教科書にも書かれています。でも牛乳だけではなく、ほかの哺乳類のおっぱいについても広く眺めてみると、そんなに単純なことではないと気づかされたからです。牛乳を原料にしてヒトや動物園で飼育している動物への育児用調合乳を作るためにも、ヒトや多くの動物のおっぱいに含まれる成分の分析をし、そして含まれる成分の役割を解き明かしていかなければなりません。

１９８６年に現在の大学（帯広畜産大学）に職を得て、ウシやヤギ、ヒツジなどのおっぱいに含まれるミルクオリゴ糖の研究をしていたところ、あるとき文部科学省の予算で海外研究に赴く機会をもらいました。留学先には、以前足立先生の本の中で知った、カモノハシやハリモグラのおっぱいの中に含まれる糖に関する論文の著者であるシドニー大学のメッサー先生の教室を選びました。憧れの先生と共同研究できるチャンスをもらったわけです。

帰国後もメッサー先生と意見交換しながらいろいろな動物のおっぱいに含まれる糖の研究を進め、卵で仔を生むカモノハシやハリモグラ以外の、胎盤の中で仔を育ててから出産するクマのような動物でも、おっぱいの中には乳糖よりもミルクオリゴ糖の方が多いことを知りました。しかもツキノワグマやホッキョクグマのおっぱいにはヒトの血液型B型とかA型のような糖が含まれていたことに驚かされました。またクマのおっぱいの研究が縁となって、大学院のときに憧れたジェネス先生の後継者であるスミソニアン動物学研究所（当時）のオフテダル先生とお友達になり、共同研究をするようにもなりました。メッサー先生やオフテダル先生とは大の仲良しとなったわけですが、共通の興味を端緒として、何か運命の糸によって結ばれていた気がします。国籍、人種、性別に関係なく、こんな感じに皆が同じ志をもった人たちと友達になったら、世界はきっと平和になるでしょう。

この本では、こうしたたくさんの交誼のなかで行われた私の研究や、なかまの研究者たちの報告をひもときながら、おっぱいの秘密に迫ります。

おっぱいの中にはどのような成分が含まれていて、それはどのような進化をたどって今日のようなものになったのか、おっぱいに含まれる成分には、仔を守ることにおいて、この上ない働きがあること、お母さんから善玉菌をもらい、腸内で育てることにも深くかかわっていることについても述べてみたいと思います。

また私の研究以外の視点からも内容を補うために、帯広畜産大学の同僚でもある福田健二先生に、4章の「発酵乳のふしぎ」でヨーグルトやチーズに含まれる乳酸菌の働きについて、帝京科学大学の並木美砂子先生に、5章の「乳利用の歴史」で乳製品の歴史と、現在利用されている乳製品のあれこれについて文化的側面からも解説していただきました。そして、おっぱいに関する興味深いコラムを動物園ライターの森由民さんにお願いしています。

それでは、おっぱいについての研究事例を紹介しながら、おっぱいのことを広く、ときに深くお話ししていきましょう。哺乳類の証であるおっぱいについて、興味と理解を深めていただけたら何よりです。

２０１７年1月　浦島　匡

OPPAI

CHAPTER 3

おっぱいで育つ動物の誕生
〜哺乳類の進化〜

浦島 匡

CHAPTER 4

発酵乳のふしぎ

福田健二

CHAPTER 5

乳利用の歴史

並木美砂子

COLUMN

OPPAI

PROLOGUE

おっぱいとは何か？

WHAT IS THE OPPAI?

おっぱいについてお話ししましょう

赤ちゃんはお母さんのおっぱいで育ちます。

おっぱいは、私たちが育つ上でなくてはならないものですが、あまりにも身近すぎるためか、日常で深くその存在について考えることは少ないかもしれません。しかし、私たちが今生きているのもおっぱいのおかげですし、私たちがよく口にする牛乳、そして牛乳から作られるバターやヨーグルト、チーズも、もとはウシのおっぱいです。これほど恩恵を受けているわけですから、おっぱいにどのような役割があり、私たちの体の中でどのように働いているのか、とても興味がそそられます。

私たち人間を含む哺乳類というなかまは、みな赤ちゃんのときにおっぱいを栄養にして育ちます。イヌやネコ、ゾウやウマ、ライオン、カンガルーにイルカも哺乳類です。「乳を哺（ふく）むなかま」。読んで字のごとくおっぱいを飲んで育つ動物群です。

では、ほかの動物はどうでしょう？　私たち哺乳類は魚類や、カエルやイモリ、サンショウウオなどの両生類、トカゲやカメ、ヘビのような爬虫類、鳥類とともに、背骨をもつ脊椎動物としてまとめられています。脊椎動物のなかで、哺乳類だけが卵ではなく、お母さんのおなかから赤ちゃんとして生まれます。ほかの動物群は卵で生まれ、卵から孵ると、自ら食べ物をとって食べたり、親が運んでくれる食物を食べて育ちます。つまり、おっぱいは哺乳類が進化の長い歴史のなかで獲得した特別な機能なのです。哺乳類とは、「体温を一定に保つことができる恒温動物で、基本的にお母さんから赤ちゃんで生まれ、おっぱいを飲んで育つ動物」ということができるでしょう。

おっぱいという言葉を聞くと、何をイメージするでしょうか。お母さんが赤ちゃんに与える白い液体である乳汁でしょうか、それともお母さんの乳房。また乳房の先についている乳首でしょうか。どれもこれもおっぱいです。

話題に「おっぱい」という言葉が出てきたら、なんとなくどのおっぱい？　というのがわかってもらえると思います。私たちにとって、おっぱいとは無意識に意味合いをとらえられるほどに、あたりまえで、特別に身についている存在といえます。本来、言葉の定義はきちんとしておく必要がありますが、本書では「どれ」かはっきりさせないとならない場合をのぞいて、あえて「おっぱい」を使っていきたいと思います。読者のみなさんのおっぱい読解力の見せ所ですね。

さて、イントロダクションとして、本書でどのようなことが語られていくか、俯瞰してみましょう。

まず第1章では、おっぱいの成分についてお話しします。おっぱい（乳汁）には、動物が生きていくのに必要なタンパク質、炭水化物、脂質、そしてビタミン、ミネラルが含まれています。お母さんのおっぱいは、赤ちゃん（乳児）にとって、必要なものがすべてバランスよく入った食べものなのです。少し難しいかもしれませんが、ここがわかると、後の章がとてもわかりやすくなってくるはずです。

第2章は、哺乳類のおっぱいのお話です。一口におっぱいといっても結構複雑で、動物によって、おっぱいに含まれる成分は大きくちがっています。さまざまな哺乳類のおっぱいを比較しながら語っていきます。

人間のお母さんのおっぱいの出が悪いとか、動物園で生まれた動物の赤ちゃんに、お母さんがおっぱいをあげないといった話を耳にすると思いますが、そこで赤ちゃんに牛乳をあげればよいかというと、自然はそんなに都合よくはありません。動物によって赤ちゃんに必要な栄養はちがっています。また生まれたばかりの赤ちゃんが飲む母乳と、すでにはいはいしている赤ちゃんが飲む母乳の成分の割合も異なっています。おっぱいは栄養豊富な白い液体という単純なものでなく、体の中には、おっぱいにまつわる複雑でおもしろいしくみがたくさんあるのです。

第3章では、哺乳類がいかにおっぱいを獲得したか、その進化の秘密に迫ります。哺乳類の直接的な祖先が現れたのは、約2億2500万年前。この時点では、赤ちゃんは卵から孵っていたようです。では哺乳類は、どのようにおっぱいを身につけるという進化をしたのか、おっぱいから探ってみましょう。

第4章では、哺乳類の体にくらす菌の話です。私たちの体にはたくさんの細菌が住みついています。えっ！　と思うかもしれませんが、細菌も体に悪いものばかりではありません。そんな細菌のなかま、乳酸菌の話です。私たちの体の中に住みついている乳酸菌は、よく知られたヨーグルトやチーズを作る乳酸菌のほかに腸内善玉菌も含め、腸の中で私たちの体の調子を整えてくれています。それどころか、私たちは乳酸菌がないと生きてはいけませんし、また乳酸菌も、私たちというすみかがないとなりません。ともにメリットを分け合ってくらしているよきパートナーです。哺乳類がおっぱいを身につけると同時に、こうした細菌たちもともに進化してきた共生関係にあるといっていいでしょう。

第5章では、人間がおっぱいを利用してきた道筋をひもときます。じつは、大人になるとおっぱいを受けつけなくなるのが、もともとの私たちの体でした。牛乳でおなかがごろごろしてしまうのが、それです。でも、人間はこの高栄養の食品を見逃しませんでした。過去から現在に至る、牛乳やチーズのたどってきた道筋を紹介します。

私たちにとってなくてはならない存在のおっぱいについて、さまざまな角度から考察していきましょう。

CHAPTER 1

おっぱいの中には何がある？

WHAT ARE INCORPORATED IN THE OPPAI?

浦島 匡

1-1 おっぱいのしくみと主要な成分

おっぱいはいかにして分泌されるのか？

体から出る液体といえば、この本で語られるおっぱいがあります。そして、男女ともに出る汗があります。あとはおしっこもそうですね。

でもこれらには少しちがった意味合いがあります。それは「分泌」と「排泄」のちがいです。分泌は、生物がある有用な物質を出すことです。おっぱいは哺乳類にとって絶対的に必要なものですから、もちろん分泌です。対して不要な物質を体外に出すのが排泄。おしっこは排泄です。汗は体温調整の役割が主で、不要な物質を体外に出してもいます。こうなると排泄ですが、フェロモンの機能もあるともいわれているので、そうなると汗は分泌ともいえます。

考えてみると、分泌にしろ、排泄にしろ、液体が体外に出てくるのはふしぎなことです。汗くらいだと、なんとなくにじみ出ているようで気にならないのですが、おっ

【分泌】
分泌には、ホルモンなどを体内に出す内分泌と、おっぱいなどを体外に出す外分泌とがある。

ぱいとなると、特別に目立つ大きな器官から、かなりの量が分泌されるので、どのようなしくみによるものかが気になるところです。

おっぱいは、体を作るタンパク質、エネルギーである脂肪、糖（炭水化物）、それにビタミン、ミネラルなどが含まれている完全食品です。おなかの中にいる赤ちゃんは、へその緒（臍帯）から血管を通してそうした栄養分をお母さんからもらっていました。赤ちゃんは出産と同時に外界の空気にさらされるので、おっぱいには、赤ちゃんの体を守る免疫機能をもつ抗体も含まれます。完全食品ともいえるおっぱい。いったい、どのように赤ちゃんに届けられるのでしょう。

分泌は腺細胞という細胞が行いますが、おっぱいを作るのは、「乳腺細胞」という専用の細胞で、おっぱいを出すのが「乳腺」です。腺というとすごく小さな器官を想像するかもしれませんが、おっぱい＝乳房全体が乳腺なのです。ちなみに乳腺細胞は男性にもありますが機能はしていません。

乳腺は卵巣の発達と同時に機能しはじめ、多くの哺乳類では、妊娠から出産まで形も機能も変わります。サルや類人猿では、妊娠しなくてもオスより目立っているのは、ご存じのとおりです。

この乳腺の中をどんどんクローズアップしてみましょう。赤ちゃんがおっぱいを飲むための乳頭には、乳管という管がつながっています。乳管の先には乳腺小葉という部分があり、その末端に乳腺胞があります。そして乳腺胞には血管がついていて体とつながっています。

この乳腺胞をつつむ乳腺細胞で、おっぱいの主成分であるタンパク質や脂肪、糖が作られています。抗体は乳腺細胞近くの形質細胞という細胞で作られ、乳腺細胞の中を通っておっぱいへと供給されます。

おっぱいは、たくさんの乳腺胞から、赤ちゃんが飲むのに十分な量が作られ、おっぱいの中に溜まっていきます。乳頭は赤ちゃんが吸いやすい形になっていて、赤ちゃんの口に刺激されて、おっぱいは外へと出てくるわけです。

ウシのなかまなどでは、たくさんのおっぱいを貯められるよう、乳腺槽、乳頭槽というタンクの役割をする部分があり、牛乳を飲む私たち人間も、それにあやかっているわけです。

お母さんから赤ちゃんへ、分泌物として渡されるおっぱい。お母さんから分け与えられる、吸収しやすく、必要なものがすべてそろっている食べものです。赤ちゃんの体もおっぱいから栄養を受け取りやすいようにできています。哺乳類は、赤ちゃんを未熟な状態で出産し、育てる進化をした動物ですが、さらには液

〈おっぱいのつくり〉

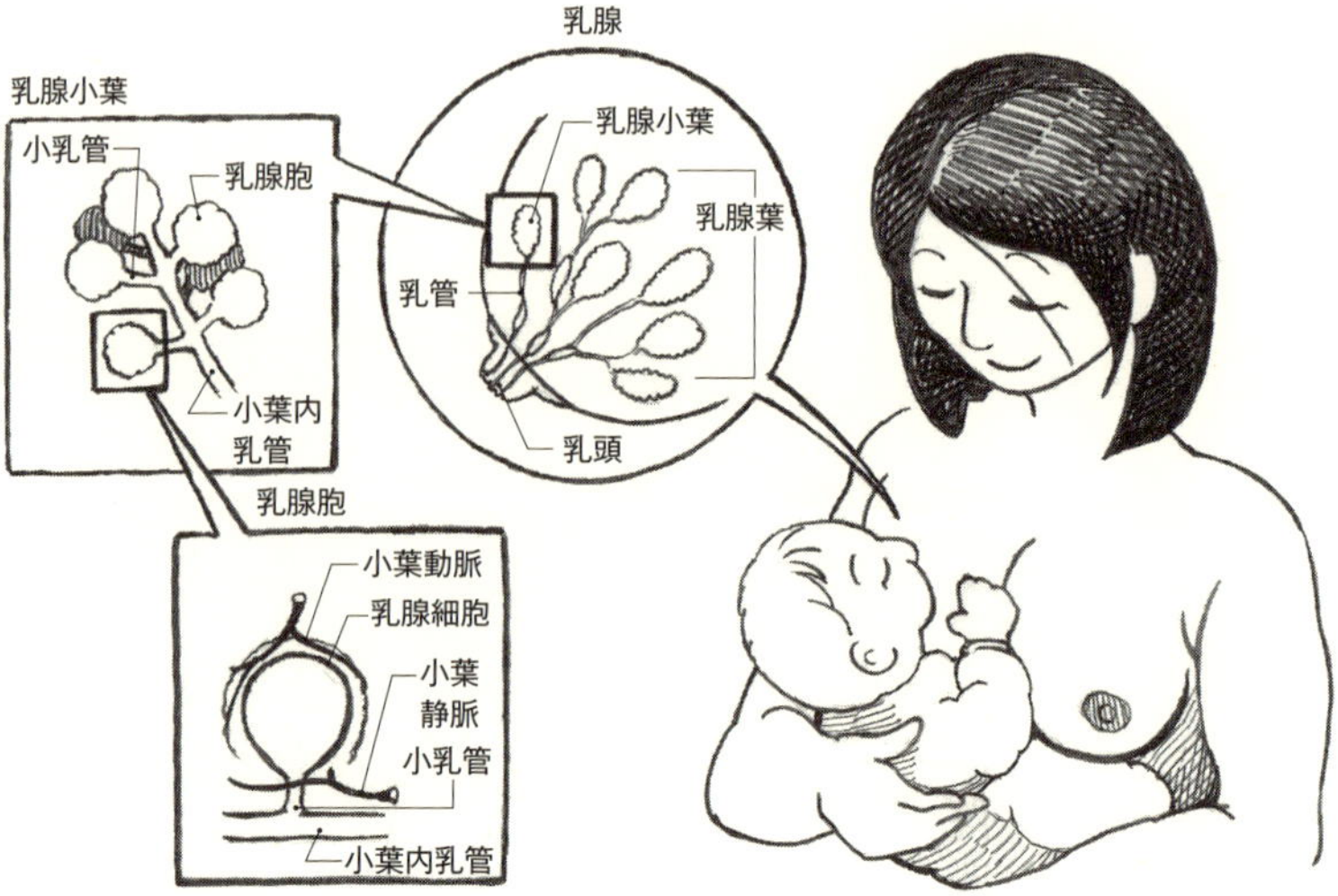

体であるおっぱいを獲得し、進化してきた動物といってもいいでしょう。

おっぱいには、赤ちゃんを育てるための、さまざまな栄養素が含まれています。タンパク質は、体を作るアミノ酸を赤ちゃんに供給します。おっぱいのタンパク質にはカルシウムやリンが含まれていて、これらのミネラルも赤ちゃんの成長には必要不可欠です。そして、脂肪や糖は赤ちゃんの活動を助け、生きていくためのエネルギーです。次のセクションから、おっぱいの中に入っている成分の働きについてお話しします。

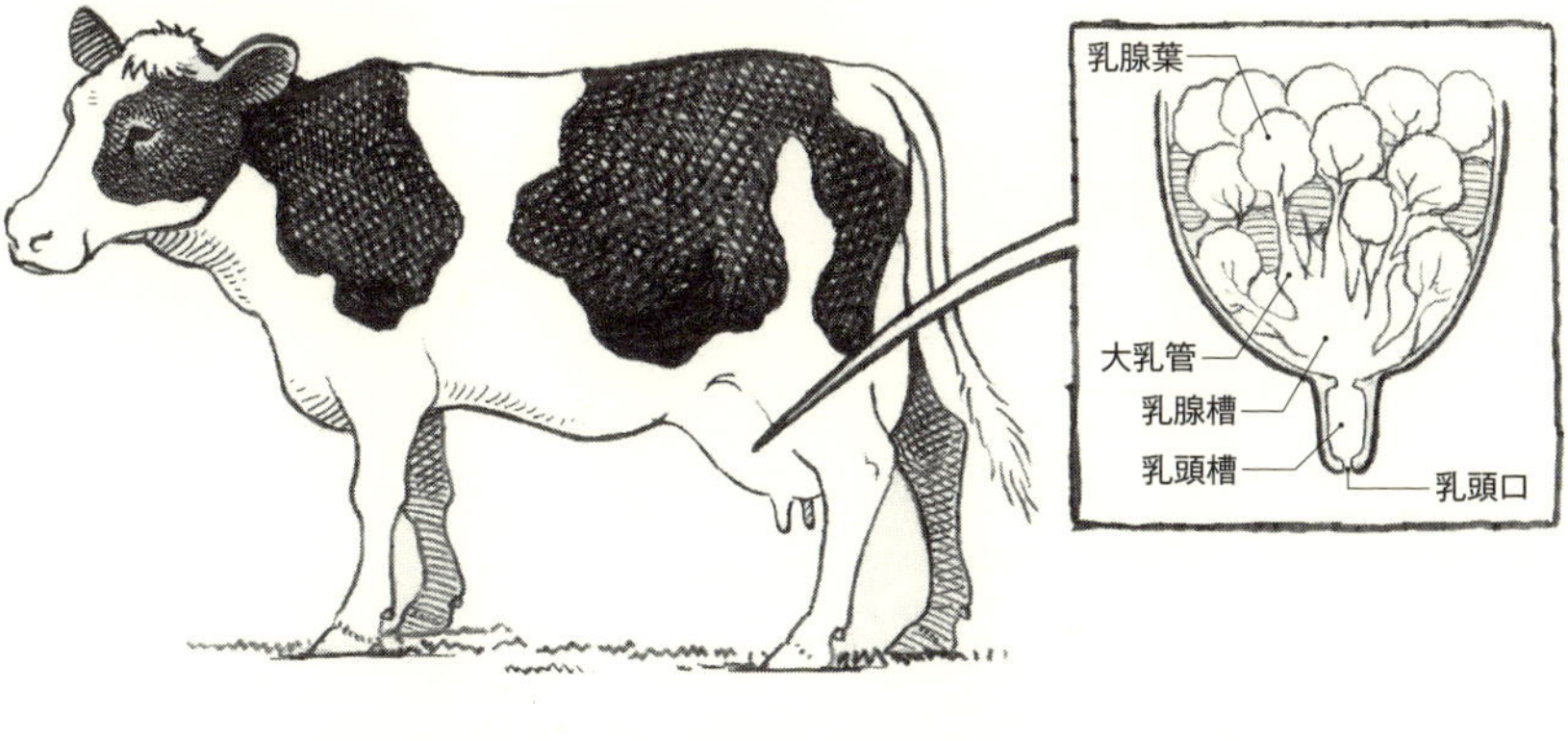

ウシ（乳牛）のおっぱい。乳腺槽が発達し、大量の乳汁を貯めることができる。

1-2 おっぱいのタンパク質

代表的なタンパク質カゼイン

タンパク質は骨格や筋肉など、動物の体を作る上で欠かせない物質です。食物の中のタンパク質は消化されてアミノ酸に分解され、体に吸収されます。そして骨格を作ったり、筋肉を作ったりする、生命の活動に必要な別のタンパク質の原料になります。やはり、おっぱいのタンパク質も、アミノ酸になって吸収されて赤ちゃんの体を作ります。

おっぱいに含まれるタンパク質の代表がカゼインです。カゼインは栄養価の高いタンパク質であるとともに、カルシウムと結合して、カルシウムを赤ちゃんに運ぶ重要な役割があります。おっぱいを飲んで赤ちゃんの骨が丈夫に育つのはカゼインのおかげです。

カルシウムは、リン酸と結合すると小腸で吸収されにくくなります。ところが、カゼインを一緒に摂取していると、カゼインが消化されることで得られる分解物「カゼインホスホペプチド（CPP）」がカルシウムがイオン状態になるのを助け、体に吸収されやすい状態に保ってくれるのです。

またカゼインはおっぱいを安定した水溶液にする役割ももっています。カゼインタンパク質は、牛乳の中では水に溶けているわけでもなく、また水分と分離した状態でもありません。水になじんで漂っているような状態になります。

カゼイン同士は多数の分子が集まった集合体（＝ミセル）を作っておっぱいの中に存在しています。カゼインにはαs‐カゼイン、β‐カゼイン、κ‐カゼインといった種類がありますが、ミセルは比較的水になじみやすい特徴があるκ‐カゼインを外側に、水になじみにくいαs‐カゼインやβ‐カゼインを内側に配置した形をしています。このつくりのおかげで、水と分離することなく、おっぱいの中に漂うことができ、結果的におっぱいを安定させているのです。

それにカゼインには、おもしろい特徴があります。

【カゼインホスホペプチド】カルシウムを吸収しやすくする働きにより、小腸でカルシウムの吸収を促進する特定保健栄養食品として販売されている。

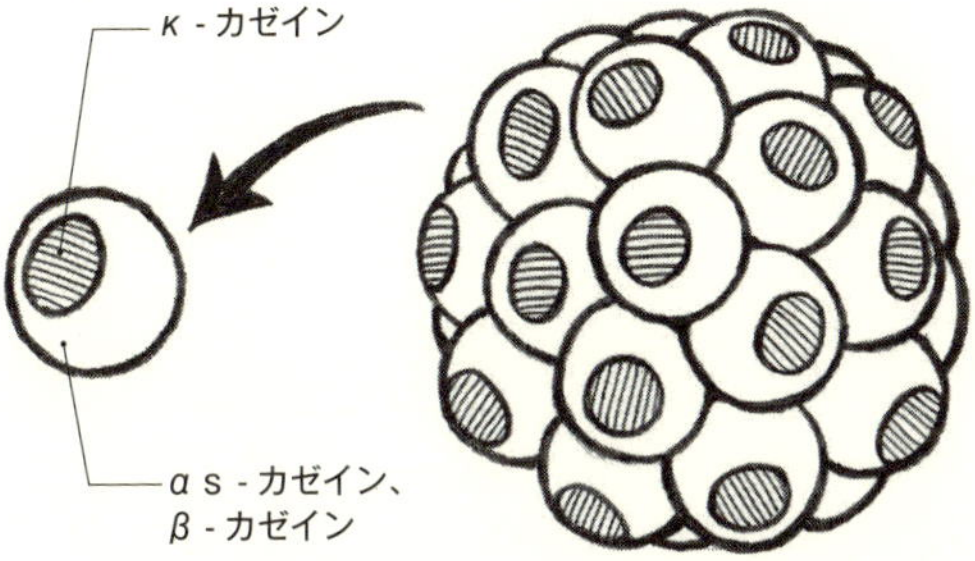

カゼインミセル

読者のみなさんに白い食品は？　と問いかけたら、牛乳を思い浮かべる方も多いはずです。牛乳といえば白！　ですが、すべての動物のおっぱいが牛乳のように真っ白かというと、じつはそうでもなく、ウマの乳やヒトの乳は、牛乳よりも透き通って見えます。白さの秘密、そこにカゼインが関係しています。

牛乳からチーズを作るときは、牛乳にチーズスターター用の乳酸菌を植え、しばらくしたらレンネットというものを添加します。

牛乳の中でチーズスターターの乳酸菌が増殖すると、乳のpHが低下して酸性になっていきます。するとカゼインミセルが壊れ始めます。さらに、レンネットの主要酵素キモシンによりカゼインの水に溶けやすい部分が切られる

〈チーズができるまで〉

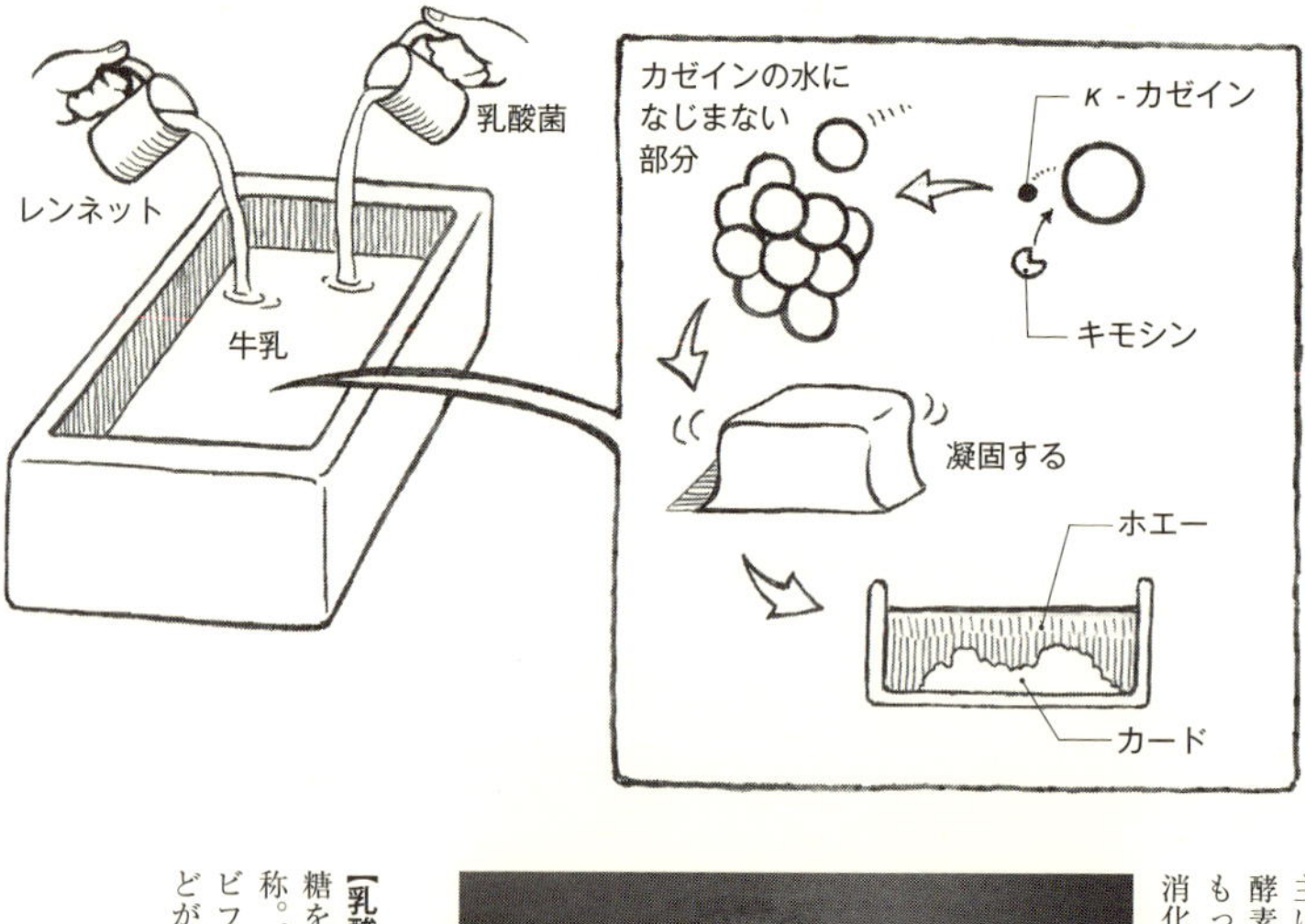

【レンネット】
主に仔ウシの第4胃から分離される酵素の混合物。ウシは4つの胃袋をもっていて、第4胃は胃液を出して消化する。

【乳酸菌】
糖を分解して乳酸に変える細菌の総称。ブルガリア菌、サーモフィルス菌、ビフィズス菌、アシドフィルス菌などがある。

ことで、水分中のコロイド粒子としてのカゼインミセルは破壊されます。

　そしてカゼインの水になじまない部分どうしがくっついて、カード（凝乳）ができます。カードの中では、水に溶けるカゼイノグリコマクロペプチドが切れてなくなったk‐カゼインの一部（パラk‐カゼイン）とほかのカゼイン成分とが会合体（パラ・カゼインミセルといいます）を作っていますが、その表面には水になじみにくい部分が集まっています。こうしていったん全体が固まったカードを切ってから細かく砕き、ホエー(乳清)と分けて集めて固めたものがチーズの元になります。

　ホエーは白さを失っていて、カードの中にはカゼインが大量に含まれています。つまり、牛乳を白く見せているのはカゼインだということになります。カードの中ではコロイド粒子としてのカゼインミセルは破壊されているので、牛乳の中にあるときのように真白ではありません。カゼインミセルのように表面が水となじみやすい会合体は、光が当たると反射する性質をもちます。つまり白色光を反射するので牛乳が白く見えるのです。

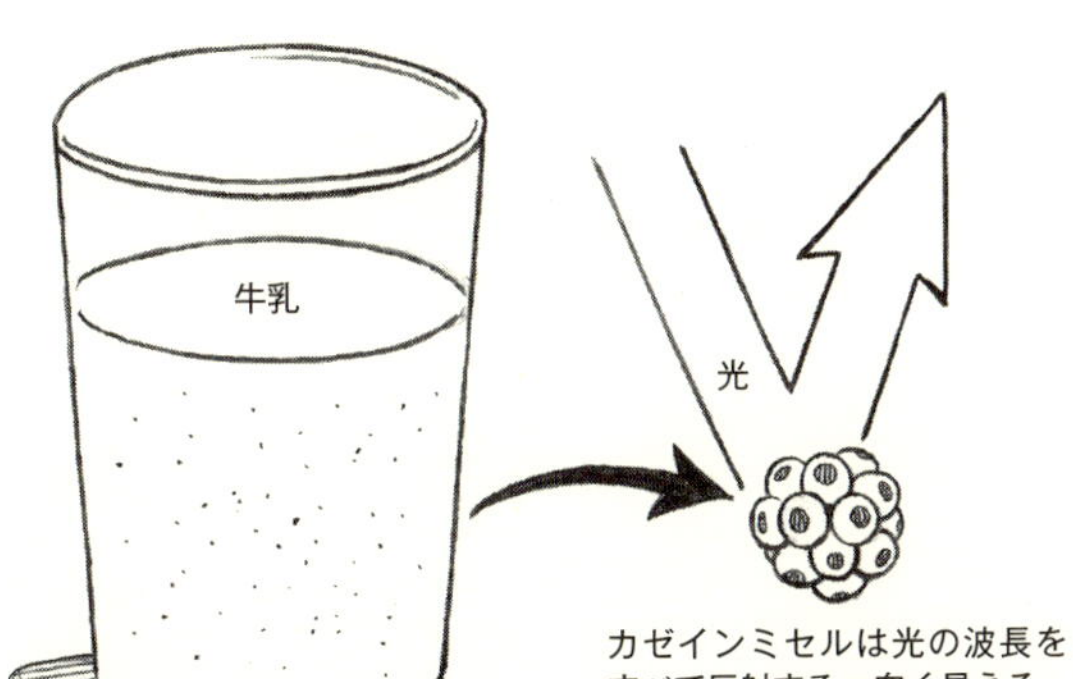

カゼインミセルは光の波長をすべて反射する＝白く見える。

【カゼイノグリコマクロペプチド】 工業的に生産され、乳酸菌（ヨーグルトの製造に古くから用いられているラクトバチルス属）の増殖促進剤や生残性向上剤として利用されている。

【コロイド粒子】 水などと別の物質を混ぜたときに、粒子となって液体中に均質に分散することがある。この粒子をコロイド粒子といい、溶けた状態をコロイドという。牛乳はコロイドの状態にあり、タンパク質や乳脂肪はコロイド粒子として分散している。コロイド粒子の大きさは、およそ直径1～100ナノメートル程度。

牛乳を飲むと頭がよくなる!?

κ-カゼインには「カゼイノグリコマクロペプチド」という名前がついている部分があって、ペプチドに糖が結合したようなつくりをしています。そのためにκ-カゼインは水に溶けることができるのです。またカゼイノグリコマクロペプチドには「シアル酸」という単糖が結合していますが、このシアル酸は肝臓で作られ、脳に大量に含まれています。

じつは、シアル酸には学習能力を高める効果があるという説もあって、シドニー大学（当時）のビン・ウォン博士は、授乳中の仔ブタを使ってカゼイノグリコマクロペプチドを食べさせたときに頭がよくなるかどうかの実験を行いました。頭のよさという言い方は少し乱暴なので、学習能力としましょう。

カゼイノグリコマクロペプチドを食べさせた仔ブタと食べさせなかった仔ブタを8つのドアがある円筒形の箱の中に入れます。そのうちの1つのドアの中だけに餌を置き、そしてここに餌があるよという目印をつけます。学習能力の高い仔ブタであれば、目印を覚えるのが早く、トライ・アンド・エラーの回数が少ないはずという仮定をした実験です。実際にカゼイノグリコマクロペプチドを食べさせた仔ブタは学習能力が高く、脳に含まれているシアル酸の量も多くなったようです。

【ペプチド】
2個以上のアミノ酸がアミノ基とカルボキシル基との間で酸アミド結合（ペプチド結合）してできた化合物の総称。多数のアミノ酸からなるものはポリペプチドという。タンパク質は1個または数個のポリペプチドからなる。加水分解によりもとのアミノ酸が生成される。

シアル酸を育児用調整乳などの機能性食品素材としたい向きには非常に都合のよいデータであり、シアル酸を含んだ化合物を利用する夢が大きく膨らむことでしょう。でも、現状ではもう少し研究の積み重ねが必要な分野です。

人乳と牛乳ではシアル酸の含まれる量が異なりますが、牛乳を原料として作られた育児用調合乳で育てた赤ちゃんと、母乳で育てた赤ちゃんでは、脳に含まれるシアル酸の量に統計的に有意な差があるという研究論文も発表されています。ということは、赤ちゃんはおっぱいに含まれるシアル酸を吸収し脳に運んでいるのでしょうか？

ここで疑問を提示しないといけません。食事の中に含まれるシアル酸は我々の体の中に吸収されますが、脳（および中枢神経系）には、血液循環系から簡単に物質が入り込まないようにする「脳関門」というしくみがあるために、シアル酸がこれを越えるとは考えづらいのです。胎児や新生児では血液脳関門が十分に働かないともいわれてい

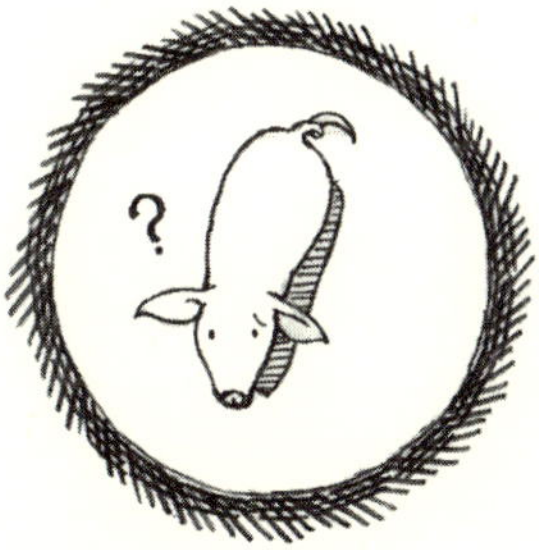

与えなかった仔ブタは……？

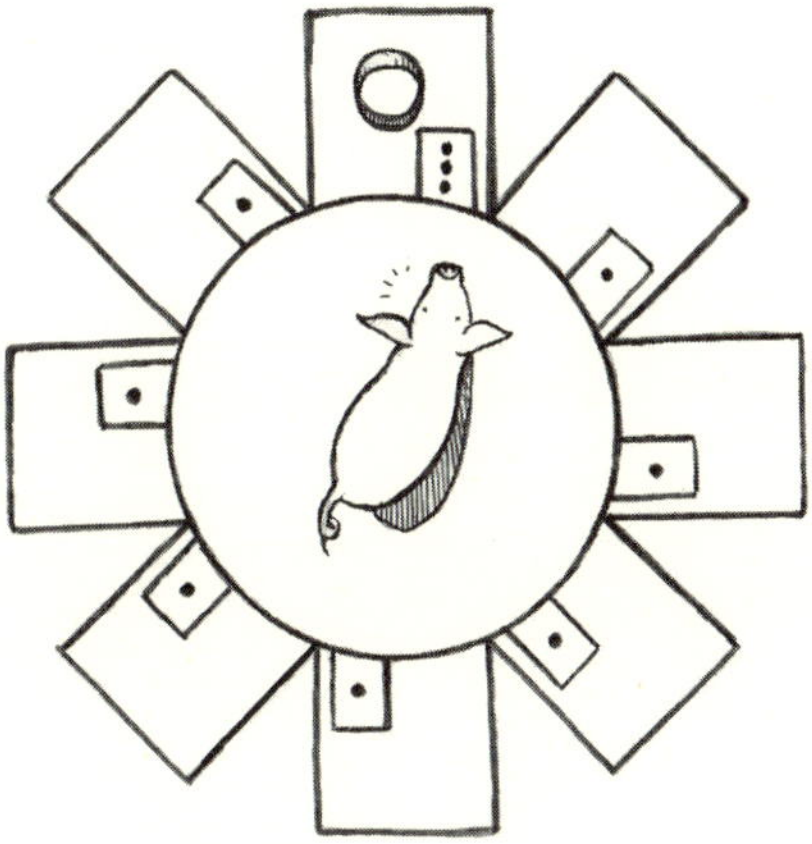

カゼイノグリコマクロペプチドを
与えた仔ブタ。

ますが、おっぱいの中のシアル酸が赤ちゃんに吸収された後にもっと小さな成分に分解され、それが脳関門を通過した後に、再びシアル酸になるのかもしれません。

もしそれが実証できて、カゼインのシアル酸が、どのような代謝経路を経て、脳のシアル酸合成に使われていくのかが明らかにされれば、赤ちゃんの脳の発達とおっぱいの成分との間におもしろい関係性が発見されそうです。

コレステロールを抑えるタンパク質

ホエーの中にも多くのタンパク質が溶けていて、ホエータンパク質と総称されます。牛乳に入っているカゼインタンパク質とホエータンパク質の割合は4対1と、ホエータンパク質が少なめです。

ホエータンパク質の中で最も多く含まれるのが「β‐ラクトグロブリン」で、人間のおっぱいにはありませんが、牛乳にはたくさん含まれています。2番目に多いのは「α‐ラクトアルブミン」というタンパク質で、人間のおっぱいにも含まれます。それは乳腺の中で、赤ちゃんのエネルギーとなる乳糖（ラクトース）の合成にかかわっています。

β‐ラクトグロブリンには「水に溶けづらく油に溶けやすい物質」を抱き込む性質があります。この性質が、じつは健康面において非常に重要だということがわかってきて、現代人にとって深刻な病気である高コレステロールやそれに伴う高脂血症を抑えることが期待されています。

コレステロールは一般に悪役と捉えられがちですが、哺乳類ならば普通にもっている脂質です。細胞膜を作ったり、ホルモンや胆汁酸、ビタミンDの原料になったり、またコレステロールのうちの善玉コレステロールは血管を守ったりと、重要な役割をもった物質です。健康に悪影響を及ぼす高コレステロールは、高カロリー、高脂肪の食事の過剰な摂取や運動不足がその原因と一般にいわれています。

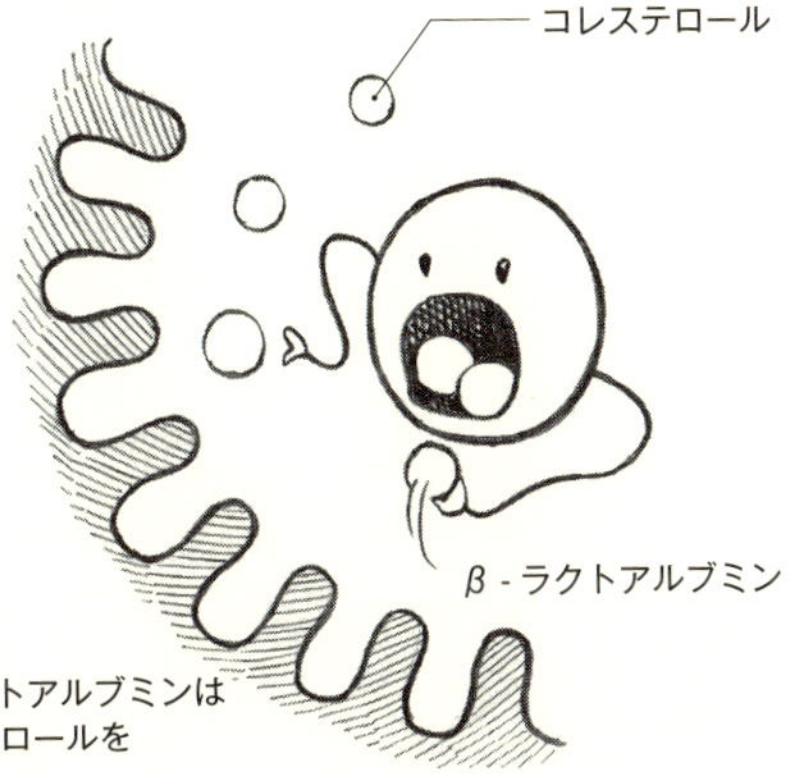

β-ラクトアルブミンはコレステロールを抱き込む。

コレステロールは食べものからも得られますが、その多くは体内の肝臓などで作られます。人間の体の中では、さまざまな生体物質や化学物質などが、胆汁に溶け込む形で腸と肝臓との間を循環する「腸肝循環」というシステムが働いています。コレステロールは、胆汁の主な成分である胆汁酸を作っていて、小腸に分泌されると、脂肪の消化吸収を助けます。一部は排出されますが、ほとんどが再吸収されて、肝臓でまた利用されます。

仔ウシがお母さんのおっぱいを飲んだとき、牛乳中のβ-ラクトグロブリンは、中

【胆汁】
肝臓で生成される液体。アルカリ性で、食物中の脂肪を細かくし、脂肪を消化吸収しやすくする働きがある。

性脂肪やコレステロールを抱き込んで吸収を助ける働きをします。でも、人間のおっぱいにはもともとβ・ラクトグロブリンがありませんから、人間が牛乳を飲むと、小腸で先に中性脂肪やコレステロールを抱き込み、排出してしまいます。胆汁酸として小腸に分泌されたコレステロールの再吸収を防いで、排出することが期待されるわけです。人間の生活習慣病を防ぐ、重要な働きと考えられます。

ラクトフェリン

ラクトフェリンというタンパク質は、牛乳や人間のおっぱいに含まれていて、これも健康を維持する役割があります。

ラクトフェリンは分子の中に鉄イオンを取り込むことのできるポケットのようなものをもっていて、鉄と強く結合する性質があります。食中毒で猛威を振るう病原性大腸菌Ｏ１１１は、増殖に鉄を必要としますが、ラクトフェリンが先に鉄をうばうことで、こうした病原菌が鉄を使えなくなります。

さらにラクトフェリンをペプシンという酵素（胃の中でタンパク質を分解する酵素）が消化してできるラクトフェリシンは、なんとラクトフェリンの40倍～１００倍もの強い抗菌活性があります。消化されることで、腸の中である種の病原性大腸菌の増殖を抑えているのです。

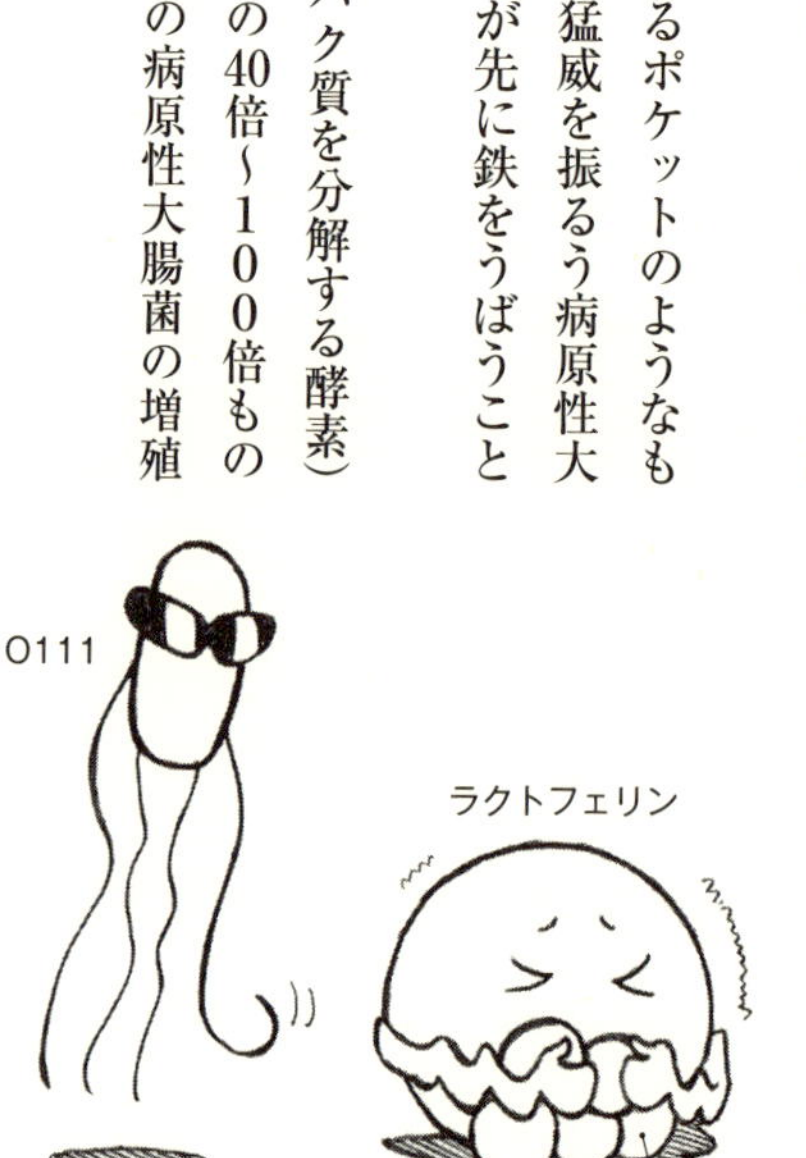

ラクトフェリンは、
O111 に鉄を渡さない。

ラクトフェリンは「ラクト（乳）」と名前についていますが、おっぱいばかりでなく、涙、唾液、鼻汁や白血球の一種である好中球にも含まれています。好中球から血液の中に放出されたラクトフェリンには、免疫に関係する細胞の活性を調節し、炎症を鎮めるなどの働きもあります。おっぱいの中のラクトフェリンは、進化の過程で、赤ちゃんを守るために乳腺細胞で作られるようになったのでしょう。

ラクトフェリンは、ホエーの中に溶けているタンパク質なので、チーズホエーから工業的に生産することができますし、実際に育児用調整粉乳や発酵乳などに機能性素材として使われています。「ラクトフェリンヨーグルト」という商品名の発酵乳が販売されているのを、店頭で見かけたことのある方も多いと思います。

ラクトフェリンと同じような性質をもつタンパク質には、血液の中に含まれるトランスフェリンや、鳥の卵白に含まれているオボトランスフェリン、ミエローマ（骨髄細胞の腫瘍）にあるメラノトランスフェリンがあります。

【トランスフェリン】
肝臓で作られ、血液を経由して各細胞に鉄を運ぶ役割をする。

お母さんからの贈り物

動物の体を守る免疫、その働きには　免疫反応を起こすタンパク質である抗体（免疫グロブリン）が不可欠です。でも、赤ちゃんはもともと体の中に抗体をもっていませんし、作り出すこともできません。お母さんのおなかの中という無菌状態で安全な

【抗体】
血液中に存在し、ウイルスなどの異物（抗原）に結合し、不活性化させるタンパク質。抗原には決まった抗体が対応する。

【免疫グロブリン】
血液中に存在する抗体、タンパク質のこと。

場所にいる限りは、抗体をもつ必要がないのです。へその緒から悪いものが侵入する前にお母さんの体の中で退治されるしくみです。そのため、ほとんどの哺乳動物において、免疫グロブリンはお母さんから赤ちゃんに受け渡されます。まさに赤ちゃんへの貴重な贈り物です。

免疫グロブリンの一部はおっぱいを通して、またはへその緒からも血液を通じて受け取ることができます。なかにはウシなどのように、おっぱいからしか受け取ることができない動物もいます。ウシの場合では、免疫グロブリンは、仔を産んでから5日以内の初乳といわれるものの中にとくに量が多く、初乳が非常に濃く感じられるのは、そのせいです。抗体がたくさん含まれているために、初乳は仔をさまざまな悪い感染源から守るという重要な役割を果たしてくれています。初乳を仔ウシに飲ませないと感染症にかかってしまうリスクがとても高くなります。

ウシを何かの抗原で刺激して、初乳から免疫グロブリンを分離して免疫強化食品に利用してはどうかという考えもありますが、日本では乳等省令という法律によって初乳の出荷は禁じられています。

【乳等省令】
正式名称は「乳及び乳製品の成分規格等に関する省令」と、やや長め。

1-3 おっぱいに含まれる脂肪

牛乳の中でなぜ脂肪は水と混ざりあっているのだろう

牛乳の中にある脂肪は、球状の粒子（脂肪球）として分散しています。脂肪球の直径は平均4マイクロメートルであり、1ミリリットルに150億個あります。とても小さく、たくさん含まれていると考えていただければよいでしょう。

この脂肪の多くは、動物の体内に存在するものと同じく「トリアシルグリセロール（トリグリセリドともいう）」という、グリセロール（アルコール）に3つの脂肪酸が結合した形をしています。脂肪酸にはさまざまな種類がありますが、牛乳も、人乳も、ともにパルミチン酸とオレイン酸の割合が高いことが知られています。

しかし牛乳と人乳とでは、3番目に多い脂肪酸がちがっていて、牛乳

〈トリアシルグリセロールの構造〉

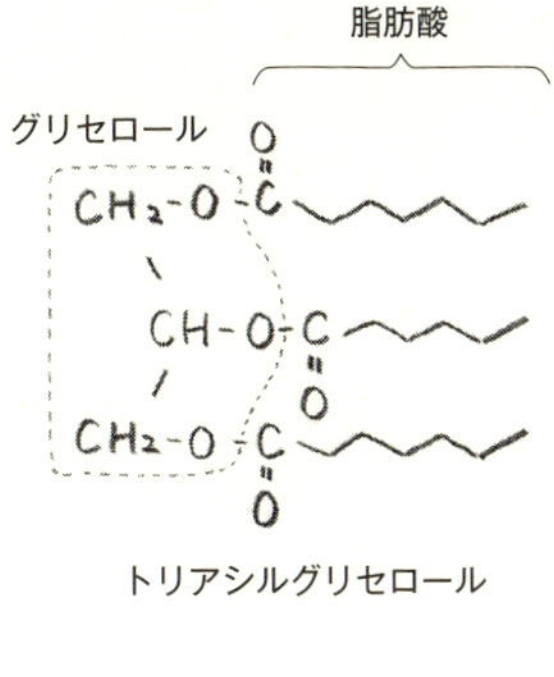

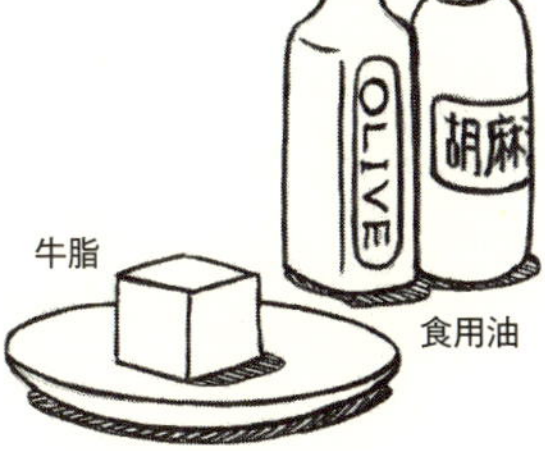

【脂肪】
主に、生物に含まれる脂肪酸とグリセロールからできている化合物。そのほか、リンを含むリン脂質や糖を含む糖脂質もある。体内でエネルギー源となるほか、細胞膜を構成する成分や生理活性物質としての働きがある。

ではステアリン酸かミリスチン酸、人乳ではリノール酸になります。

この脂肪、ふしぎなことにおっぱいでは水分の中によく混ざっています。水と油というのは混じり合わないないものの代名詞にもなっているほどなのに、なぜ混ざっているのでしょうか。またコーヒーに乳脂肪分が原料のクリームを入れても脂は浮いてきませんが、コーヒーにバターを入れてみたら、バターは浮き上がってきます。クリームや牛乳の脂は、バターの脂とどこがちがうのでしょうか。

乳脂肪の粒子の周りには「脂肪球膜」という膜があります。おっぱいの成分には、泌乳しているお母さんの乳腺細胞の中で作られるものと、血液の中から必要なものが乳腺細胞の中に取りこまれたものとがあります。乳脂肪に多いトリアシルグリセロールは、もちろん乳腺細胞の中で作られています。

タンパク質や乳糖のような、乳腺細胞でできた物質が、乳腺細胞の内側から外側に輸送されるのにはいろいろなメカニズムがありますが、乳脂肪の場合は、細胞の外側に分泌されるときに、乳腺細胞の細胞膜をつきやぶる形で出

〈乳腺細胞から分泌される乳脂肪〉

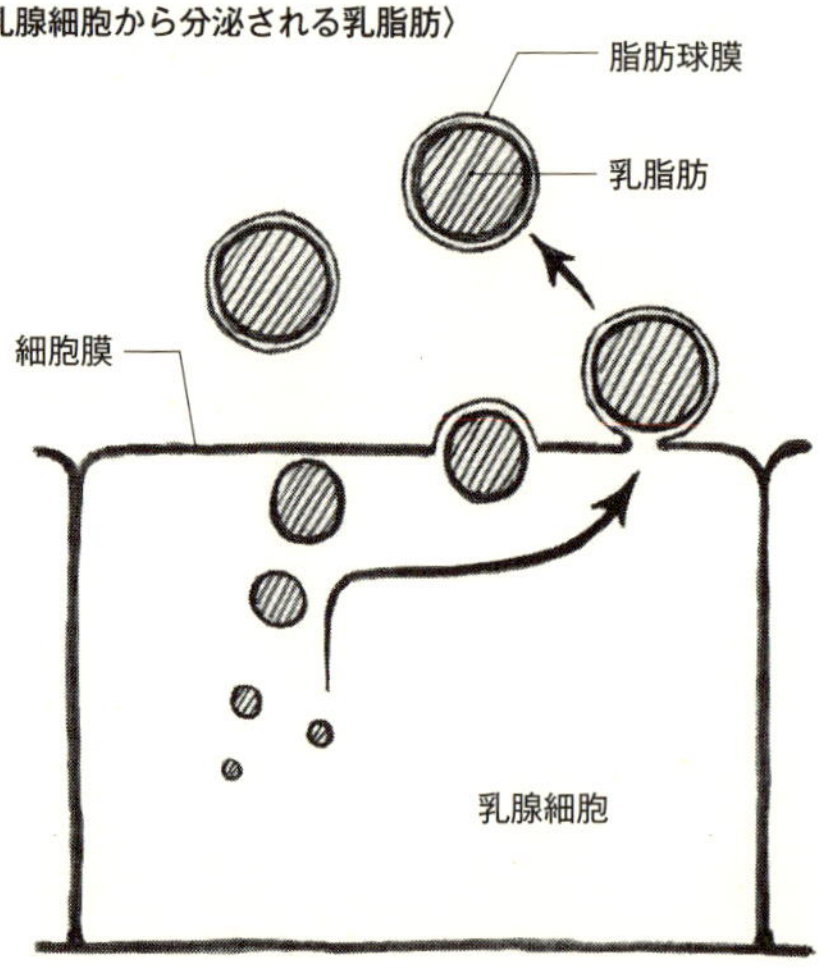

てきます。このとき脂肪の粒子は、細胞膜に由来する膜、つまり脂肪球膜に包まれたような状態でおっぱいの中に分散します。脂肪球膜は水に親しみやすい性質をもつので、水と乳脂肪は混ざり合うことができるのです。

牛乳やクリームが、水やコーヒーに混ざる秘密はバター作りのときに観察できます。牛乳からクリームを作るのは、牛乳を遠心分離機にかけて、水よりも比重の軽い脂肪分を集める方法です。この作業では脂肪球膜は壊れません。つまり、水に親しみやすく、べとべとせず、洗ったらすぐに流れる状態です。

バターはクリームを物理的に攪拌することで作られます。攪拌されたクリームは、やがて固体と液体に分離しますが、この「チャーニング」という

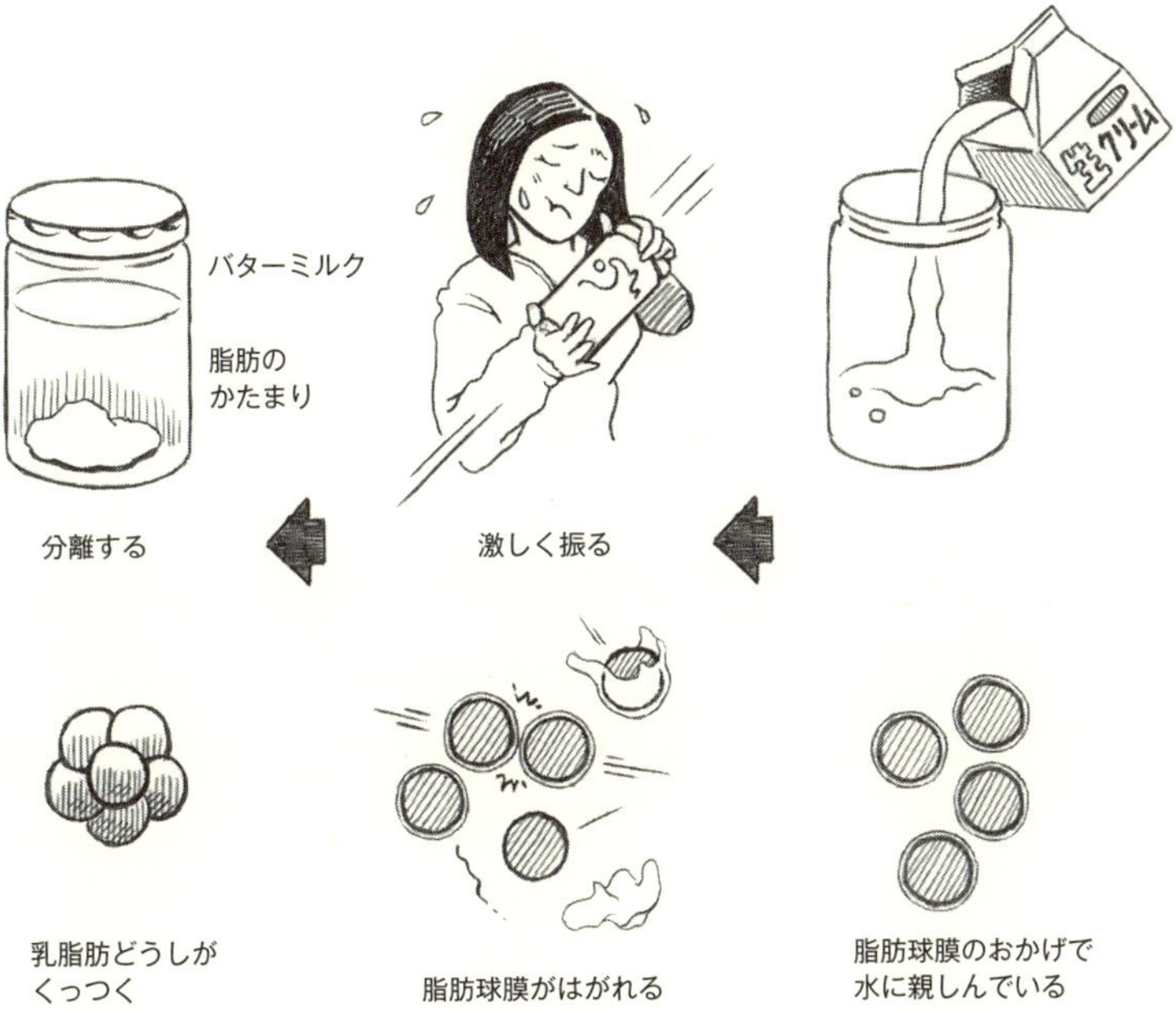

〈バターミルクと脂肪の分離実験〉
透明のガラス瓶の中にクリームを入れ、ふたをしめてから激しく振るような作業をイメージすればよい。しばらく振り続けると、ガラス瓶の中で脂肪のかたまりと黄色い液体とに分離する。

作業でできた固体を集めて固めたのがバター。つまり牛乳の脂肪のかたまりです。そして黄色い液体をバターミルクといいます。クリームはべとべとしないのに、バターはべとべとしますね。バターを使った食器を洗っても、なかなか脂が落ちないと思います。バターは、攪拌作業によって脂肪球膜を壊されてしまうので、脂肪がむき出しのような状態になって、水と分離するのです。クリームからバターを作るときの副産物であるバターミルクには、脂肪球膜、つまりもともとは乳腺細胞の細胞膜に由来する成分が溶けこんでいるというわけです。

このように脂肪を細胞の外に輸送させるような分泌形式は、体の中のあらゆる細胞がもっているわけではありません。乳腺と、人間では腋の下にあるアポクリン腺だけがこのような分泌形式をもっています。ここには哺乳類がおっぱいを獲得する進化を遂げる過程の重要なヒントが隠されているとも考えられています。それは第3章のおっぱいの進化のくだりで詳しく話しましょう。

乳脂肪が粒子の形になるには、じつは脂肪球膜にある「ビューチロフィリン」というタンパク質と「キサンチンオキシドレダクターゼ」という酵素が大切な役割を果たしています。遺伝子ノックアウトという技術でそれらを作り出せなくしたマウスの実験では、乳腺細胞の中に脂肪は溜まるばかりで、正常に泌乳できないという結果が観察されています。

1-4 おっぱいの糖＝乳糖（ラクトース）

乳糖はどのような糖？

炭水化物は、牛乳には4・5％、人乳には7％が含まれています。おっぱいの炭水化物の大半は乳糖からできていますが、人間のおっぱいには炭水化物のおよそ80％を占める乳糖とともに、およそ20％のもっと大きなミルクオリゴ糖が含まれます。

乳糖は、チーズを作るときにできるチーズホエーの中にたくさん含まれていて、さらにチーズホエーから水分を除いたときにできる固形分の70％を占めています。乳糖は結晶化しやすい物質であるので、チーズホエーから比較的簡単に取り出すことができます。

乳糖は、人間の母乳よりも乳糖の濃度が低い牛乳から作られる育児用調整乳に添加したり、その水溶液をパンの表面にぬったり、クッキーの中に入れて焼き、香ばしい香りやほんのりとした色をつけたりすることもできます。

【糖】
生物の体を動かすエネルギーであり、デンプンやグリコーゲンなどの形で貯蔵もされる。細胞間の連絡物質としても重要な働きをする。糖には、単糖、オリゴ糖（単糖が2～8個結合した糖。少糖とも呼ばれる）、多糖がある。単糖にはブドウ糖（グルコース）、果糖（フラクトース）などがある。タンパク質、脂質、核酸などとともに生物の体を作っている重要な構成物質の1つ。炭水化物とは糖類の総称。

また、もっと付加価値の高い利用方法として、それをガラクトオリゴ糖、ラクチュロース、ラクトスクロースなどのオリゴ糖に作りかえ、腸の中の善玉菌であるビフィズス菌を育てるための食品添加素材として利用されています。

しかし、もったいないことにチーズホエーは、現在では産業廃棄物としてお金をかけて処理していることが多く、チーズホエーの中の乳糖は、いまだに十分な有効活用がされていません。

乳糖はどのように吸収されるか

乳糖はガラクトースという単糖とグルコース（ブドウ糖）とが結合した二糖というつくりの化合物です。しかし人間の体では、二糖のままでは乳糖を腸内で消化吸収できません。小腸の表面（上皮微絨毛刷子縁）にあるラクターゼという酵素によって、ブドウ糖とガラクトースに加水分解されて、はじめて細胞内に取り込まれます。ブドウ糖は循環系に入って細胞のエネルギー源として利用されますが、ガラクトースはいったん肝臓にいき、そこでグルコースに変えられ、同じようにエネルギーとして利用されます。

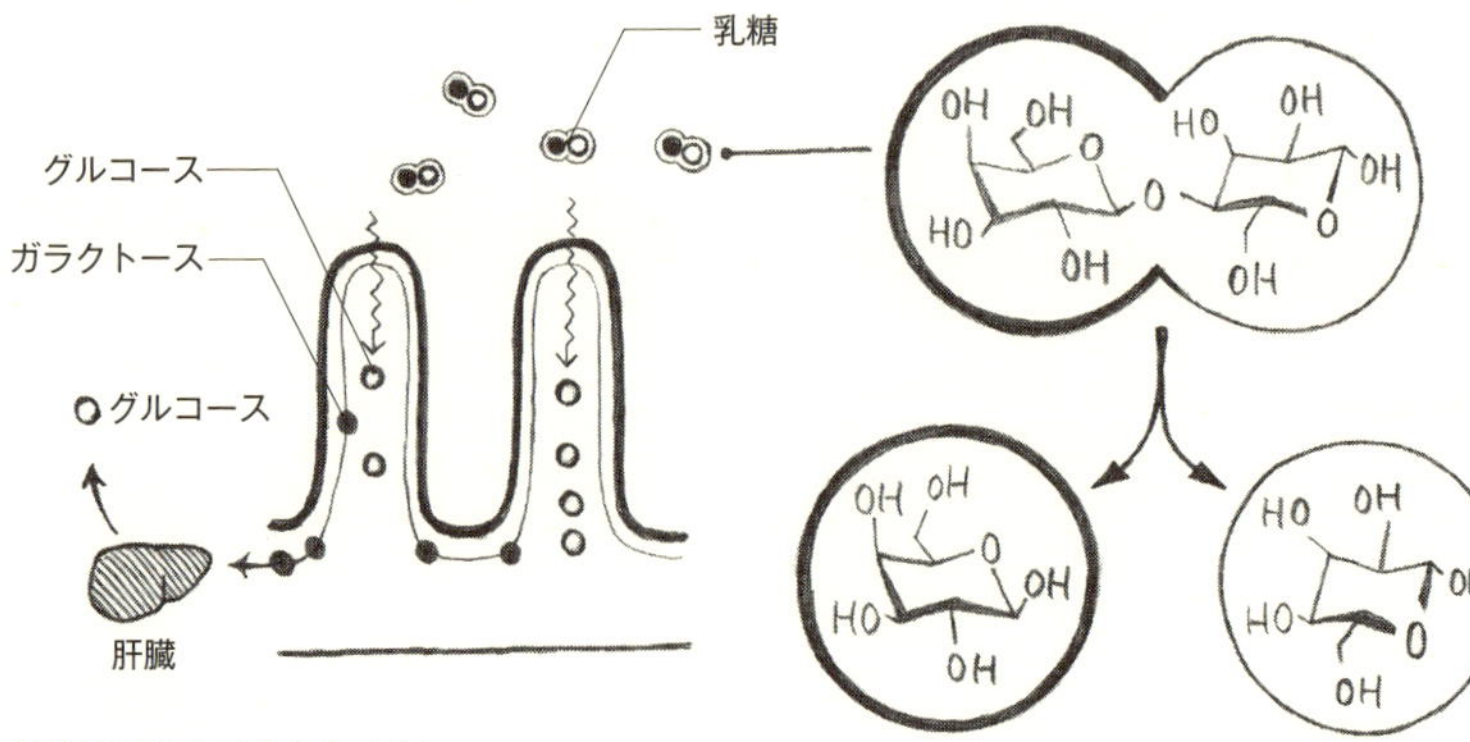

〈乳糖の分解と吸収のしくみ〉
小腸の表面のラクターゼによりガラクトースとグルコースに分解され、小腸から吸収される。

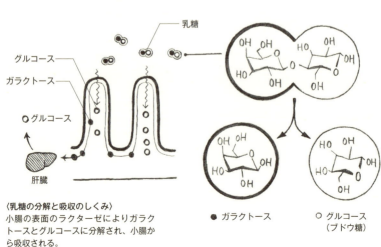

牛乳を飲むとおなかがゴロゴロする！

牛乳を飲むと、おなかがゴロゴロする……。共感される方も多いのではないでしょうか？じつはこのことにも乳糖が深く関係しているのです。

そんな人のおなかの中は、本来乳糖を消化できるはずのラクターゼの活性が低下しているので、牛乳を飲むと、乳糖が小腸で吸収されずに大腸に進みます。すると浸透圧によって、水分が大腸に染み込んできます。さらに乳糖をガスに変えるような腸内細菌の増殖によってガスが溜まり、おなかはゴロゴロいい、ついには下ってしまうのです。このような症状を乳糖不耐症といいます。

乳糖不耐症は、離乳後にラクターゼの活性が低下することが原因で起こる症状です。よく考

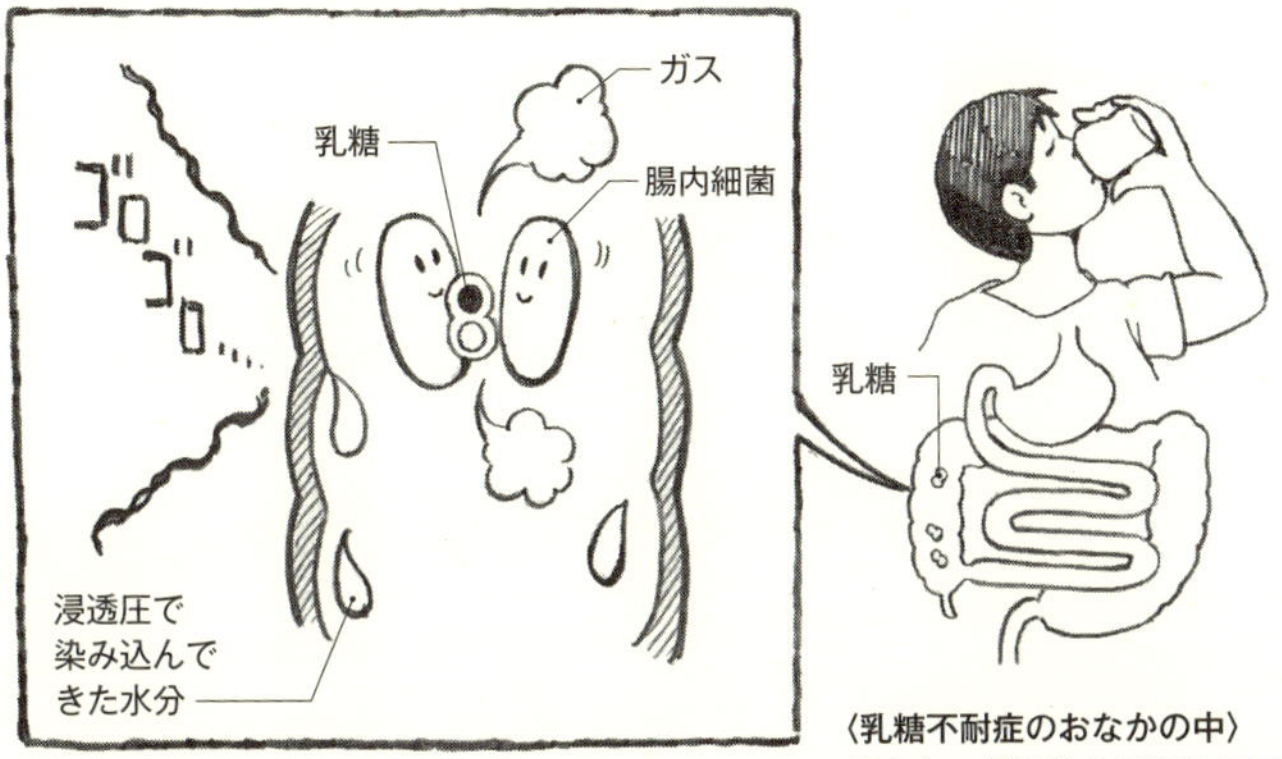

〈乳糖不耐症のおなかの中〉
ラクターゼの働きが低いので、
大腸に乳糖が届いてしまう。

【浸透圧】
水は、半透膜を介して、濃度の低い溶液から濃度の高い溶液に流動する。このときの圧力。

えてみると、離乳した後に乳を飲み続ける動物は人間だけで、本来動物は、育つと母乳を飲まなくなるので、乳糖の分解が必要なくなるわけです。ラクターゼの活性低下は自然の成り行きといえるでしょう。

歴史的に栄養の多くを牛乳に依存していた北ヨーロッパの人々のなかに、あるとき離乳後もラクターゼ活性の低下しない人々が突然変異によって出現し、それが広がったのではないでしょうか。少し詳しく説明すると、ラクターゼ遺伝子そのものではなく、ゲノムの中で、それよりも上流の位置にある「エンハンサー」と呼ばれる位置が変化することで、そのような人々が出現しました。

アジアやアフリカの多くの人々は、現在でもそのような変異したラクターゼ遺伝子をもっていないので、牛乳の中の乳糖を消化することはできません。

牛乳を飲むとおなかが下るのは、日本では、とくに高齢者に多いといいます。給食などで牛乳が飲まれている近年には、牛乳はあたりまえの存在に思えますが、日本人が牛乳を普通に飲むようになったのは、戦後、学校給食に脱脂乳が導入されるようになってからです。それまでは牛乳を飲む習慣がなかったためでしょう。現代日本人の多くが、平気で牛乳を飲み続けているのは、乳糖不耐症であっても、必ずこのような症状が出るというわけではないからです。

実際には下痢などの症状なく牛乳を飲んでいる日本人の若い人でも、乳糖不耐性の検査をすると、多くが乳糖不耐症にあたります。なぜ牛乳を飲んでも大丈夫かというと、離乳後に低下した小腸ラクターゼ活性が復活したということではありません。

【エンハンサー】
遺伝子を活性化させる因子と結合することで、遺伝子の転写量を増やす（enhance）作用をもつＤＮＡ領域のこと。

給食などで牛乳を飲み続ける習慣があれば、乳糖を乳酸や酢酸に変えるような腸内細菌が増えるようになります。すると腸の中が酸性になるために、乳糖をガス発酵させるような腸内細菌が増えることができず、占有率が下がるためだと考えられています。つまり牛乳を飲み続けることによっておならが出ないような腸内細菌叢になっていくというわけです。

また牛乳とともに固形食をとったり、牛乳を少し温めてから飲むと、おならや下痢などの症状が出にくいという人もいます。

1-5 ミルクオリゴ糖

ミルクオリゴ糖はどのような糖か

多くの哺乳動物のおっぱいにおいて、もっとも量が多い糖は乳糖ですが、おっぱいの中には、ミルクオリゴ糖と呼ばれる糖も含まれています。ミルクオリゴ糖という名前の糖があるわけではなく、ミルクに含まれている、いくつかのオリゴ糖の総称として呼ばれています。

オリゴ糖は食品のCMなどでよく耳にするので、おなかにやさしいとか、善玉菌を増やすというようなイメージがあるかもしれません。ミルクオリゴ糖にもそのような働きがあります。インターネットでミルクオリゴ糖と検索すると、森永乳業が商品としている「ミルクオリゴ糖」が見つかるでしょう。でもこれは、人工的に乳糖から作ったラクツロースという糖で、本来のミルクオリゴ糖のことではありません。

ミルクオリゴ糖のつくりは、単一の糖ではなく、分子の右側に乳糖を含んでいて、

【オリゴ糖】
少糖とも呼ばれる。いくつかの（およそ2個から8個）の単糖がつながってできている。オリゴとは少ないという意味。

それに、ガラクトース、N‐アセチルグルコサミン、シアル酸、フコースといった単糖が何個もつながった糖を総称したものです。人間のおっぱいには6%の乳糖とともに1・2~1・3%のミルクオリゴ糖が含まれています。乳糖や脂肪についで3番目に多い成分で、タンパク質よりも多く含まれます。ミルクオリゴ糖は、200種類も存在するといわれていますが、そのなかで代表的なのはおよそ10種類くらいです。

ミルクオリゴ糖が善玉菌を増やす

赤ちゃんがおっぱいを飲むと、乳糖は消化され、小腸で吸収されて赤ちゃんの栄養源となります。一方で、ミルクオリゴ糖の大半は小腸で消化されないで、そのまま大腸に届きます。このしくみが赤ちゃんにとってとても重要です。

出産前の赤ちゃんの腸の中には細菌は住んでいません。ビフィズス菌や乳酸桿菌のようなよい菌も、クロストリジウム菌のような悪い菌もいない状態です。赤ちゃんはどこでその細菌を手に入れるかというと、お母さんの腸内細菌は膣に定着していて、赤ちゃんは、生まれるときに産道を通りながらそれを受け取ります。

細菌たち、とくに乳児型のビフィズス菌は、おっぱいを栄養にして赤ちゃんの大腸内で増殖します。生まれて1週間ほど経つと、赤ちゃんの大腸内にビフィズス菌が優勢する腸内フローラが形成されます。そうしないと、ほかの細菌が大腸内に繁殖して、

【善玉菌】 人間の腸内に住む細菌のうち、消化吸収の助けとなったり、免疫力を高めたりするなど、人の健康の役に立つ菌のこと。乳酸桿菌、ビフィズス菌などが含まれる。反対に健康に害をもたらす細菌を悪玉菌という。悪玉菌には病原性大腸菌やクロストリジウム菌、ブドウ球菌などがある。

【ビフィズス菌】 腸内細菌の1つ。主に大腸で細菌叢を作り、悪玉菌の繁殖を抑える。代表的な善玉菌。

【クロストリジウム菌】 食中毒の原因にもなる細菌。嫌気性で土壌中や生物の腸内など、酸素が少ない場所で生息する。ボツリヌス菌や、ウェルシュ菌、破傷風菌もこのなかま。

【フローラ】 体内の特定の場所に生育する細菌の集合。細菌叢（さいきんそう）ともいう。植物学では植物相の意味で使われる。

きっと赤ちゃんの健康は損なわれてしまうことでしょう。

このビフィズス菌にとって重要な栄養源こそがヒトミルクオリゴ糖であり、赤ちゃんの小腸では消化されずに大腸に到達する必要があったというわけなのです。

このしくみが明らかになった歴史をひもときますと、20世紀に入ったばかりのころ、「母乳で育てた赤ちゃんのうんちが人工栄養で育てた赤ちゃんのうんちよりも酸性度が高い」という発見があったことがきっかけです。ついで１９３３年に「母乳で育てた赤ちゃんでは下痢、中耳炎、呼吸器病などを起こす度合いが人工栄養児よりも低い」という報告が行われました。

母乳栄養児の腸内細菌叢には、ビフィズス菌や乳酸桿菌が多く存在していて、おっぱいの炭水化物を消化しています。そのときに大量の乳酸と酢酸が排出され、うんちの酸性度を高くすると考えられたのです。さらには、この酸が赤ちゃんの腸の中で有害な腸内細菌の増殖を抑え、腸内感染を予防しているというわけです。

また、おっぱいの乳清の中にビフィズス菌を増やす何かが含まれていることが発見

〈赤ちゃんのおなかの中の乳酸菌の働き〉

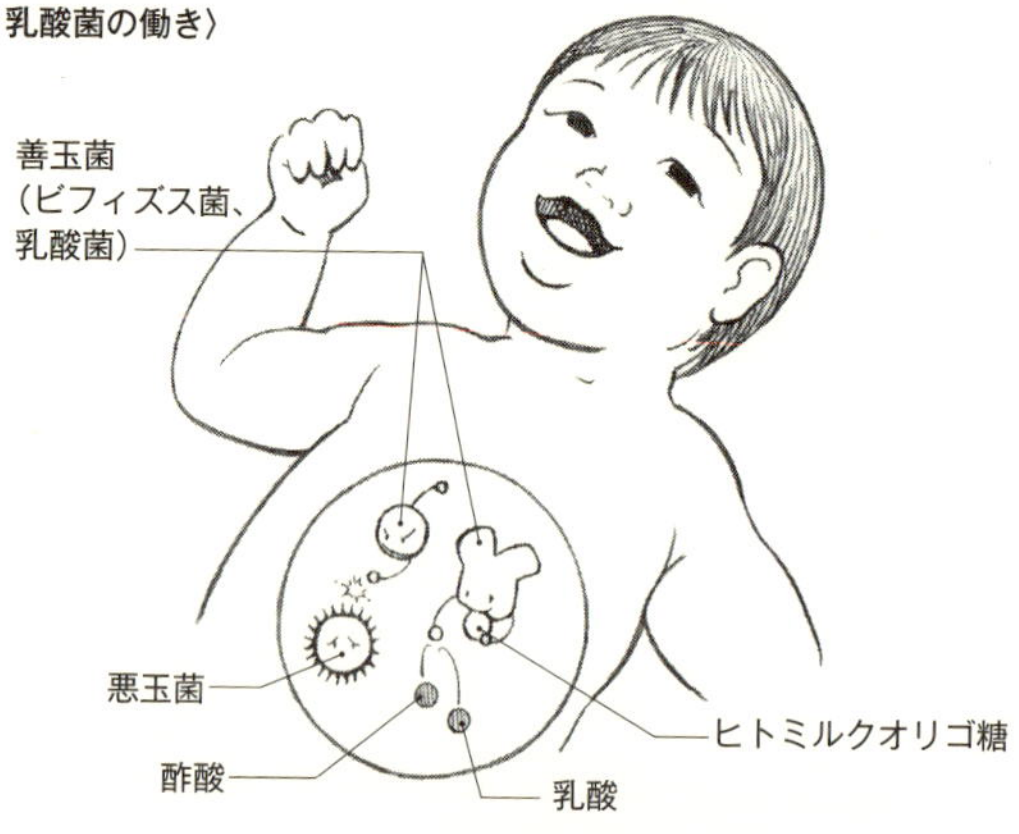

善玉菌は乳酸や酢酸を排出するので、悪玉菌が住みづらい環境になる。ヒトミルクオリゴ糖はビフィズス菌を増やす。

【炭水化物】
糖類や糖に似た構造の化合物の総称。炭素と水素の化合物で $C_m(H_2O)_n$ の化学式で表される。

【ビフィズス因子】
ビフィズス因子が何かを研究するためにヒトミルクオリゴ糖の研究は始まった。この因子は牛乳中にはほとんど存在しない。

され「ビフィズス因子」と名づけられました。この因子こそがミルクオリゴ糖だったのです。

ヒトミルクオリゴ糖と菌の共進化

ミルクオリゴ糖にはタイプⅠ型とタイプⅡ型がありますが、人間のおっぱいにとりわけ多いのは、前者です。これをビフィズス菌が利用するのは人間特有のオリゴ糖消化のメカニズムであり、ヒトとビフィズス菌とが共生関係を築きながら進化してきた証拠ではないかと想像できます。

人間は未熟な状態で赤ちゃんを産みます。人間に近い類人猿のチンパンジーやボノボと比べても、かなり未熟な状態です。これは人間が二足歩行をするようになり、胎盤により重力がかかるようになったことで胎盤が小さくなったこと、さらには脳が発達したので頭が大きくなり、小さな胎盤をスムーズに通過するためには、小さな赤ちゃんにしてやる必要があったことと関係しているように思われます。

当然赤ちゃんが未熟なほど細菌などの感染に弱いので、おっぱいには感染を防ぐ成分を必要とするようになったとは考えられないでしょうか。とくに多い、タイプⅠ型ミルクオリゴ糖は、人間の腸で働くビフィズス菌にとって利用するのに都合がよかったのでしょう。栄養が豊富な環境でビフィズス菌が増えることによって腸のpHが酸性

【タイプⅠ型】
ラクト・N・ビオースⅠ（Gal（β 1-3）GlcNAc）を含むオリゴ糖。

【タイプⅡ型】
N・アセチルラクトサミン（Gal（β 1-4）GlcNAc）を含むオリゴ糖。

になり、病原菌などが住みつきにくい腸内環境が確保されるようになるのです。

ビフィズス菌はミルクオリゴ糖を消化する

ヒトミルクオリゴ糖は現在までに200種類以上が明らかになっていて、善玉菌であるビフィズス菌を赤ちゃんのおなかの中で育てるプレバイオティクスの役割をもっていることが知られています。

それらは赤ちゃんのビフィズス菌によってどのように分解され、消化されてエネルギー源になっていくのでしょうか。じつは、赤ちゃんのおなかに定着するビフィズス菌が、どのようにヒトミルクオリゴ糖を利用するか、その経路が解明されたのは最近のことです。

ビフィズス菌には、

ビフィドバクテリウム・ビフィダム（B・ビフィダム菌）
ビフィドバクテリウム・ブレーベ（B・ブレーベ菌）
ビフィドバクテリウム・ロンガム　亜種インファンティス（B・インファンティス菌）
ビフィドバクテリウム・ロンガム　亜種ロンガム（B・ロンガム菌）
ビフィドバクテリウム・アドレセンティス（B・アドレセンティス菌）

【プレバイオティクス】
1995年にイギリスの生物学者ギブソンが提唱した用語。プロバイオティクスが腸内環境を整え、健康にいい影響をもたらす微生物そのものを指すのに対してプレバイオティクスは、①消化管上部で分解・吸収されない②大腸に共生する善玉菌の栄養源となり、それらの増殖を促進する③大腸の腸内フローラ構成を健康的なバランスに保つ④ヒトの健康の増進維持に役立つ、以上の特徴をもつ食品成分。オリゴ糖や食物繊維の一部がプレバイオティクスとされる。プレバイオティクスの摂取により、乳酸菌・ビフィズス菌増殖促進作用、整腸作用、ミネラル吸収促進作用、炎症性腸疾患の予防・改善作用などの有益な効果が期待される。

ビフィドバクテリウム・アニマリス　亜種アニマリス（B・アニマリス菌）
ビフィドバクテリウム・アニマリス　亜種ラクティス（B・ラクティス菌）

などの種類があり、赤ちゃんのおなかに定着しているのは最初の4種類です。

カリフォルニア大学デービス校のレブリラのグループは、その4種類のビフィズス菌株をヒトミルクオリゴ糖だけを糖源とした培地を使って培養し、B・インファンティス菌がヒトミルクオリゴ糖をよく消費して増殖することをつきとめました。

一方、筆者の研究グループも、2011年に北岡本光氏（食品総合研究所）と片山高嶺氏（京都大学）のグループと協力して、乳児型の4種類のビフィズス菌を、やはりヒトミルクオリゴ糖を唯一の糖源とする培地で培養しました。培養物に含まれるヒトミルクオリゴ糖の量がどのように変化するのか、さまざまな培養時間で測定したのです。この実験では、それぞれのヒトミルクオリゴ糖ごとに消費の時間がちがうことや、また培養の途中で新たに出現するようなオリゴ糖のようすも見ることができました。

ビフィズス菌がヒトミルクオリゴ糖を消化するとき、どのような消化酵素が使われるのか、これも長い間の謎でした。B・ビフィダム菌では、細菌の外側で働く酵素と、細菌の内側で働く酵素があることがわかってきました。北岡氏と片山氏らは、そこに注目して、ヒトミルクオリゴ糖を細菌の内側へ運ぶ働きをもったタンパク質の存在をつきとめました。

【培地】
微生物や組織培養をするために、その対象の栄養条件や生育環境を整えた場。液状や固形のものがある。

【酵素】
生物の細胞内で合成されるタンパク質。体内で行われる生体反応、化学反応を触媒するものの総称。化学反応に応じて、作用する酵素の種類は異なる。食品や製薬の分野でも広く利用されている。エンザイム。エンチーム。

このタンパク質をトランスポーターといい、このタンパク質の働きでミルクオリゴ糖の一部がビフィズス菌の中に取り込まれて分解され、エネルギー源として利用できるようになります。

ここで興味深いことがありました。B・ビフィダム菌、B・ロンガム菌、B・インファンティス菌、B・ブレーベ菌はすべて、細菌の内側で働く酵素であるラクト‐N‐ビオースホスホリラーゼをもっているのですが、細菌の外側で働く酵素フコシダーゼやラクト‐N‐ビオシダーゼをもっているのはB・ビフィダム菌だけなのです。確かに培養実験でもB・ブレーベ菌やB・ロンガム菌は、ヒトミルクオリゴ糖を消化して、うまく増殖することができていませんでした。

一方で、B・ビフィダム菌は細菌の外側で働く先の酵素や、二糖であるN‐アセチルラクトサミン（Gal(1-4) GlcNAc）を単糖に分解する酵素β‐ガラクトシダーゼをもっていますが、ガラクトースやフコース、N‐アセチルグルコサミンのような単糖はあまり食べていませんでした。でもB・ブレーベ菌などはそれら

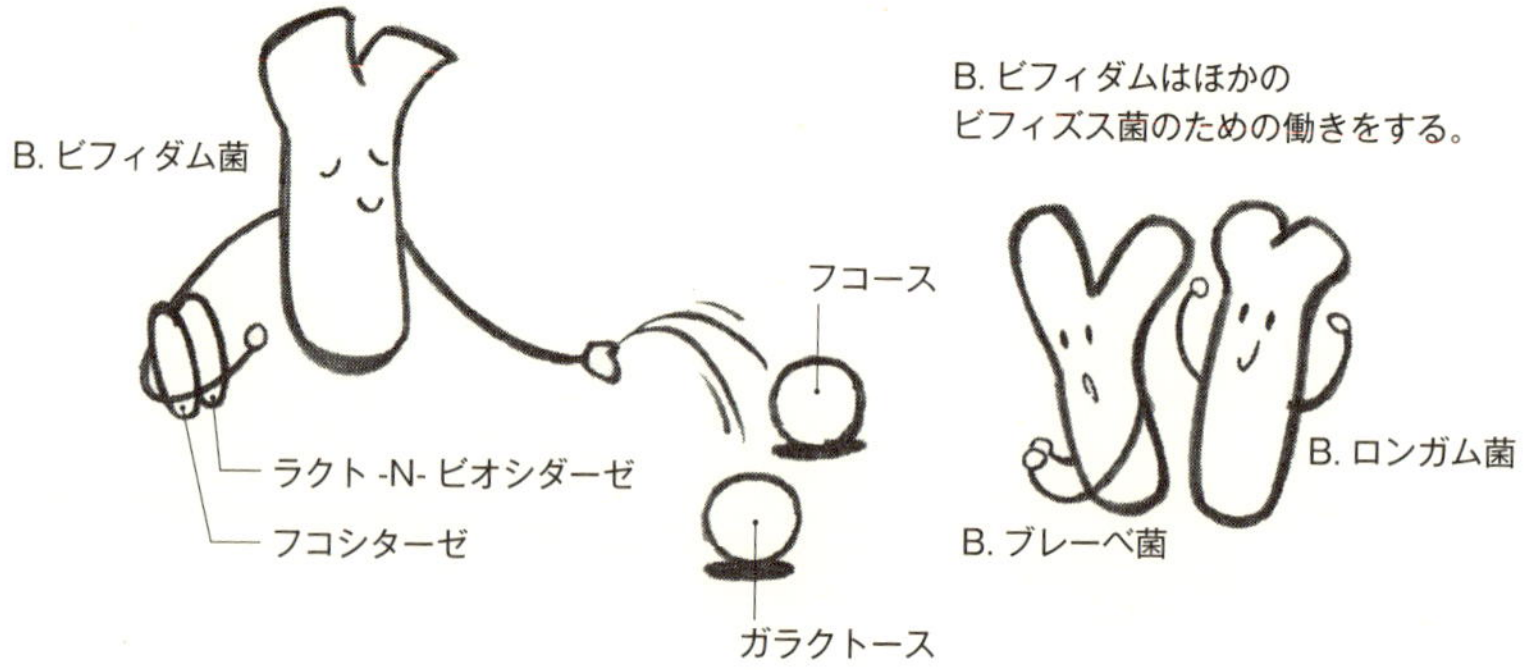

の単糖を食べることができます。B・ビフィダム菌は、どうやらほかのビフィズス菌が食べやすいようにせっせと手伝ってあげるお手伝いさん的な、損な役回りを演じているようです。

母乳栄養児のうんちに含まれる各ビフィズス菌の菌数を調べると、B・ビフィダム菌はほかより菌数が少ないのがわかります。他人（他菌？）の手伝いをしてばかりで、自分はあまり増えることができない、ちょっとお人好しな性質を感じさせる菌と考えるとおもしろいですね。

ビフィズス菌がヒトミルクオリゴ糖を栄養とするメカニズムについては、まだ謎が多い分野ではあるものの、近年遺伝子の解析技術が進んだことで新しい発見や報告がされています。

2008年のカリフォルニア大学デービス校のセラとミルズの発表には驚かされました。B・インファンティス菌は最初にミルクオリゴ糖を丸ごと自分の中に取り込み、自身の中で各種の酵素を作り出しつつ、

B.インファンティスは
体内で消化酵素を
作り出しながら消化する!?

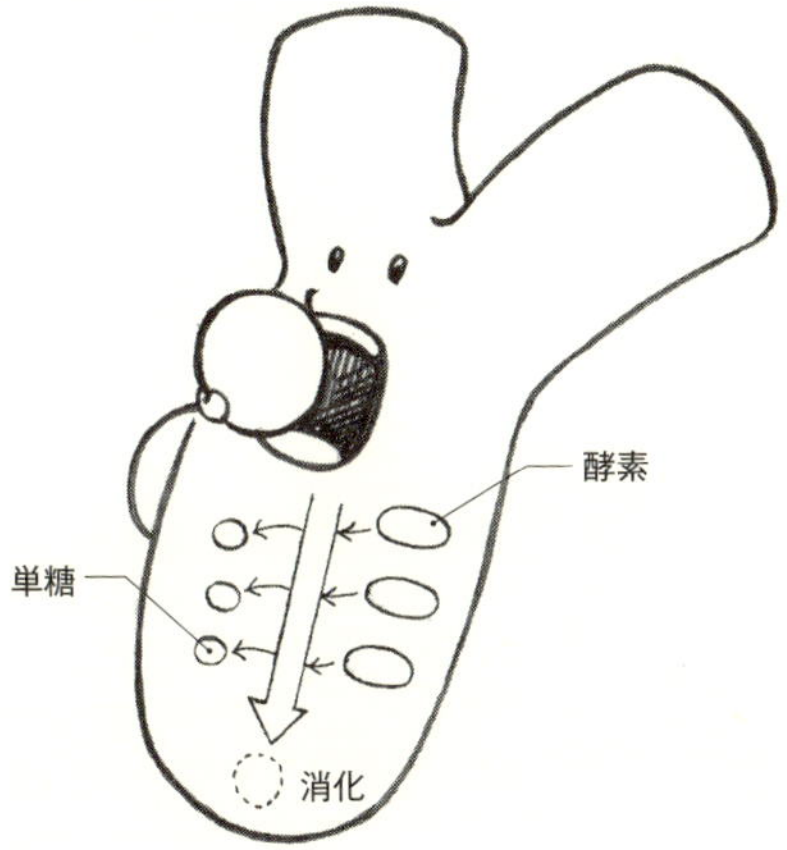

順々に分解していく消化をしているという報告でした。B・インファンティス菌の遺伝子情報のなかに、ヒトミルクオリゴ糖を細菌の中に取り込むトランスポータータンパク質と、ヒトミルクオリゴ糖を単糖に加水分解する各種の酵素を発現させる遺伝子の集まった領域が確認されたためです。このような消費の方法ですと、B・ビフィダム菌のような、他人のために尽くすお人好しビフィズス菌も必要ありません。最近カリフォルニア大学デービス校のグループによって、母乳栄養児のうんちから分離したB・ブレーベ菌からも同様のミルクオリゴ糖の消化の方法が確認されています。

一方、2016年にヤクルト本社の松木隆広氏らはビフィズス菌（B・ブレーベなど）がフコシルラクトースという、とくに量の多いミルクオリゴ糖を選んで取り込み利用することを発見しました。これは前の2つとは異なる代謝経路です。

プレバイオティクス食品として

母乳で育てられた赤ちゃんでは、生後13週で、腸内細菌叢にビフィズス菌の割合が大きくなることが実験でわかっています。このとき、うんちの中のミルクオリゴ糖の濃度は低くなるので、ビフィズス菌がヒトミルクオリゴ糖を利用して増殖したことがわかります。

ヒトミルクオリゴ糖は腸内環境を整えるプレバイオティクス作用が期待されるので

すが、ヒトの母乳には大量に含まれているものの、牛乳にはミルクオリゴ糖の量はとても少なく、また含まれるミルクオリゴ糖の種類も大きくちがっています。このことは牛乳を原料とする育児用調整乳にとっても大きな課題となっています。

ヒトミルクオリゴ糖のような複雑なものでなくても、乳糖を原料として人工的に作ったガラクトオリゴ糖でも同じような効果が期待できます。実際、日本のヤクルト本社やオランダのフリースランド・カンピーナ・ドモ社の開発したガラクトオリゴ糖は、ビフィズス菌の増殖を進める機能があるとして育児用調製乳に添加されています。

ガラクトオリゴ糖は乳児の小腸のラクターゼでは消化されずに大腸に届き、そこでビフィズス菌によって消費されます。デンマーク工科大学のビボルグらにより、B・インファンティス菌がガラクトオリゴ糖を基質として、ガラクトースにする酵素β-ガラクトシダーゼを3種類もっていることが発見され、ビフィズス菌がガラクトオリゴ糖でも増殖できるしくみもわかってきています。

ヒトのミルクオリゴ糖型

ミルクオリゴ糖には、血液型のような個人によるちがいがあることがわかっています。日本人は血液型が好きとよくいわれますが、血液型のちがいを出しているのは、血液中にある赤血球表面の糖の結合のしかたのちがいによるものです。母乳にも、ミ

【血液型】
人間の唾液などの体液を調べると、ABO式の血液型がそこに表れることがあるが、A型やB型などの血液型が表れるお母さんのおっぱいは、ミルクオリゴ糖が分泌型のパターンを示し、血液型が表れないおっぱいは非分泌型のパターンを示すということがわかっている。

ルクオリゴ糖の種類が異なる3つのタイプがあります。

①分泌型……お母さんのおっぱいに代表的なオリゴ糖のすべてが含まれています。欧米人やアジア人の80％がこれにあたります。

②非分泌型……2'-フコシルラクトースやラクト-N-フコペンタオースI、ラクト-N-ジフコヘキサオースIなどの一部が含まれないタイプ。15％にあたります。

③ルイスネガティブ型……おっぱいにラクト-N-ジフコヘキサオースIやラクト-N-フコペンタオースIIが含まれていないタイプ。5％がこれにあたります。

筆者の研究室では、お母さんの母乳に含まれる代表的なオリゴ糖の量を量るという研究を行っています。そこで南太平洋の国サモアからの留学生、フィアメ・レオ君が、自分の国で集めてきたお母さんのおっぱいを分析し、ミルクオリゴ糖の濃度を量りました。

はじめは日本人のパターンとちがわないであろうと予想をしていましたが、サモア人のお母さんの多くは非分泌型のミルクオリゴ糖型であることがわかりました。これはとても興味深い結果で、人種によって、分泌型と非分泌型のミルクオリゴ糖型の割合がこれほどまでにちがう例ははじめてでした。

多くの人種では分泌型の方が非分泌型よりもはるかに割合が多いのに、サモア人の場合はどうしてこのようなちがいが出たのか、疑問がわいてきます。私はサモア人

【サモア】
サモア独立国。オーストラリアの東、約3200キロの南太平洋にあるサモア諸島のうち、サバイイ島、ウポル島など7つの島からなる。首都はウポル島アピア。イギリス連邦に属する。住民はポリネシア人で、バナナやカカオなどの産地。

のルーツとその伝播した道筋に思いを馳せてみました。サモア人の祖先は、アジアから、カヌーで海を渡ってサモアにたどり着きました。彼らは、アジアのある地域の非分泌型が多い人たちをルーツとしていたのではないでしょうか。

台湾先住民とか、メラネシア、ミクロネシア、ポリネシアの島々やニューギニア、オーストラリア先住民のお母さんのおっぱいを集めて、その中に含まれる各ミルクオリゴ糖の濃度を量れば、南太平洋の人たちがどこから来て、どのような道筋で拡がっていったのか、その拡散ルートがわかるのではないかと夢が膨らみます。ミルクオリゴ糖研究が学問の垣根を越え、人類学に1つの手法を提供できれば、とても興味深いことです。

とはいえ、そのような島々や地域のお母さんの母乳を集めてくることは、残念ながら、実際にはなかなか簡単なことではありません。研究のネットワークの発達で、協力してくれるお母さんや研究機関が多数集まれば、おもしろい研究ができそうです。

〈ポリネシア人の拡散ルート〉

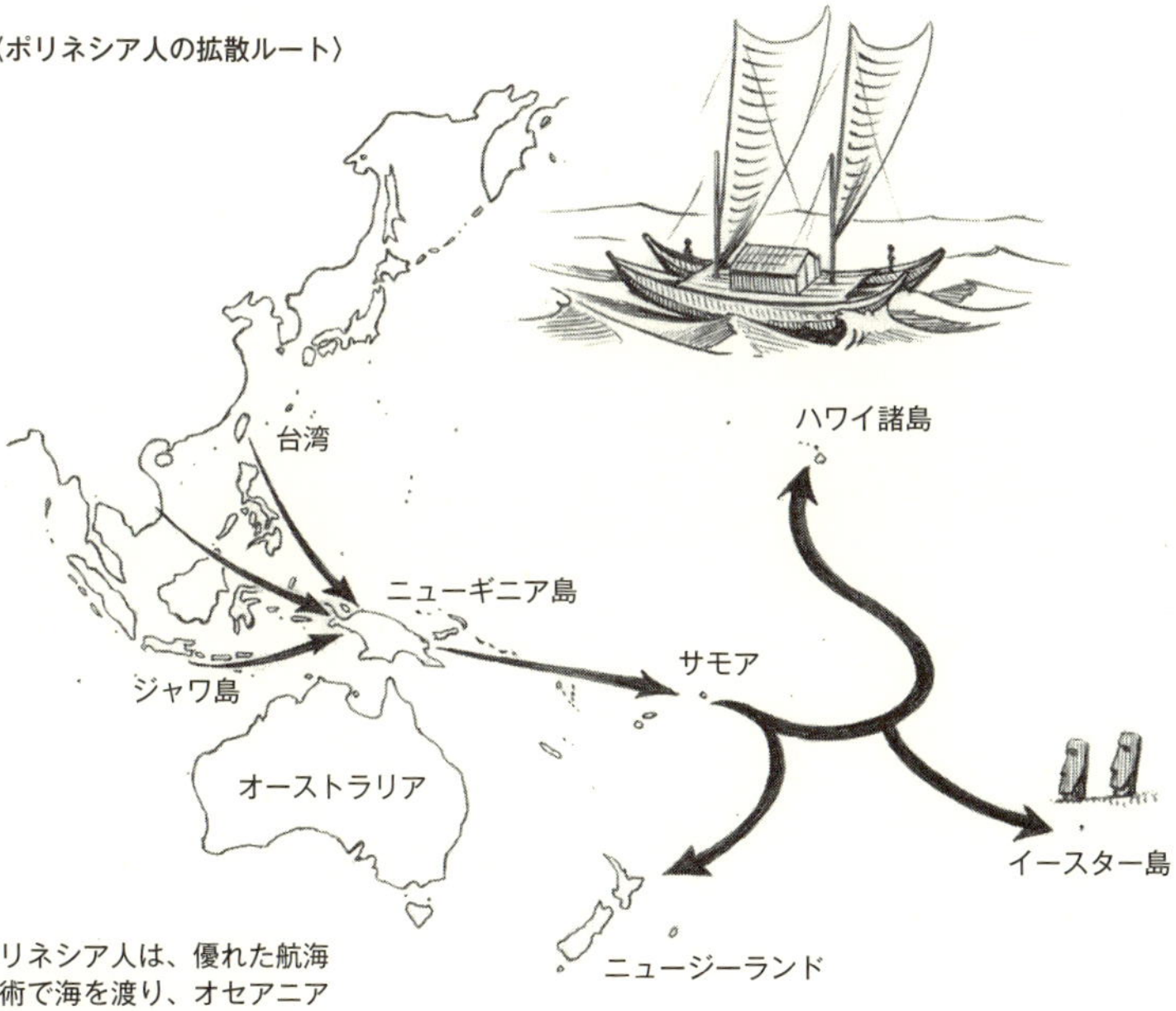

ポリネシア人は、優れた航海技術で海を渡り、オセアニアの島々へ伝播していった。

1-6 微量で大切なミネラル

おっぱいの中のミネラル

赤ちゃんは、おっぱいを通して成長に必要なミネラルを受け取ります。ミネラルは微量ですが大事なもので、例えばマンガンとか亜鉛がないと、酵素のいくつかは働きません。カルシウムやリン、鉄はもちろん体の成長にとって必要なものです。こうしたミネラルも、動物の種によって必要な場合もあればそうでない場合もあります。

生まれたばかりのカンガルーやハリモグラの赤ちゃんが飲むおっぱいは赤いという報告があります。それはお母さんの血液よりも鉄の濃度が高いためだと考えられています。カンガルーの乳腺には、生まれて間もない赤ちゃんにとって必要な鉄分を濃縮して与えるしくみができているのでしょう。

また、牛乳にふくまれるラクトフェリンもおっぱいから取り出すと赤い色をしているのがわかります。これは鉄と結合しているためですが、ラクトフェリンにはおっぱいから赤ちゃんに鉄を運搬する働きもあります。カンガルーにとっては赤ちゃんへの鉄の補給はとても重要なのでしょう。

カルシウムを摂るというと牛乳を思い出します。子どもの頃に、「牛乳を飲むと丈夫になる」と言い聞かされた人も多いのではないでしょうか。牛乳はほかの食品と比べてカルシウムの濃度が比較的高いということのほかにも、カゼインの消化分解物CPPなどの働きによってカルシウムの吸収がよいというのもメリットです。お医者さんが閉経後の女性に、骨粗鬆症対策に牛乳を勧めるのは、牛乳がもっともカルシウムを摂りやすい食品だからです。

お母さんが取り入れたミネラルは、血液から乳腺を通っておっぱいの中に運ばれていきます。おっぱいの中のミネラルは、動物のお母さんが食べた食物に由来しています。

つまりウシのような草食の哺乳類で

【CPP】
カゼインホスホペプチド▼P21脚注

お母さんが食物から得たものは、おっぱいを通じて赤ちゃんに渡される。

は、飼われている土地の草に含まれるミネラルによって、牛乳の中のミネラルの量がちがってくるわけです。赤ちゃんのために、ミネラルをよりたくさん含んだおっぱいを作り出す秘密が乳腺の中にあるのです。

しかしこのしくみは、ときに環境汚染物質も一緒に拾ってしまいます。それがおっぱいに運ばれていき、おっぱいを通じて、赤ちゃんの体へと入ってしまう可能性もあるのです。お母さんが、食べものに気をつけた方がよいというのは、こうした理由もあるからです。

OPPAI COLUMN

おっぱいはどこにある？

森由民
YUMIN MORI

乳首はどこにあるものか？
私たちは反射的に「胸」と答えるでしょう。母親が赤ん坊を胸に抱いて乳首を含ませている姿は、霊長類ならばごく普通の育児のひとコマです。ゾウも乳首は前脚の間の胸に2つ並んでおり、子どもはそれをくわえておっぱいを飲みます。
しかし多くの種で、乳首は腹にあります。イヌやネコの母親はごろんと横になって腹を出し、子どもたちにおっぱいを与えます。コウモリも脇腹に乳首があり、おっぱいを飲む我が子を翼で抱く姿は、かれらが哺乳類であることを実感させてくれます。コウモリの母親は、ときには乳首に赤ん坊を吸いつかせたまま、空を飛んでいることもあります。
カンガルーの乳首も腹部ですが、かれらの場合は袋（育児嚢）の中にあります。有袋類の育児嚢は乳首の周りがへこむようにしてできています。なおカンガルーは胎盤を作らないので、かれらにへそはありません。メスの腹にはへそのようなものが見られますが、それはきゅっと絞り込まれた育児嚢の入り口なのです。「ポケット」というより巾着袋を思い浮かべるのが適当でしょう。

さて、ここからは、さまざまな哺乳類のおっぱいの与え方を紹介しましょう。

ブタは一腹で10頭前後の仔を産みます。かれらの乳首は7対ありますが、前寄りの乳首の方がおっぱいの出がよいとされ、赤ん坊の間で競争が起こります。生まれつき体重が大きい個体が前寄りの乳首を獲得する傾向が観察されています。一度、「マイ乳首」が定まると仔ブタ自身もそれに執着して、機会があっても、前寄りの乳首よりも定まった乳首を選ぶことが知られています。

陸上生活から再び完全な水中生活へと戻ったイルカやクジラのなかまは、授乳も水中で行います。とはいえ、子どもは長い時間、母親の乳首をくわえていることはできないので、母親は赤ん坊がストロー状に丸めた舌の中に一気におっぱいを注ぎ込み、一度の授乳は数秒で終わります。

日中のほとんどを水中で過ごすカバも、交尾・出産・授乳などを水中で行ないます。動物園でも、水中授乳で乳の一部がゆらゆらとプールの水に溶けるさまが観察されています。

最後に授乳期間です。ハツカネズミはその名の通り妊娠期間が約20日、生後3週間ほどで離乳しますが、北極圏でくらすトナカイも、生後わずか数週間で離乳します。かれらは秋から冬の南下と冬から春の北上で数百キロを移動しますが、出産は北上の間に行なわれるため、子どもも親とすぐに移動できるように、急速な成長が必要なのだと考えられています。一方、オランウータンは7年ほども授乳し、哺乳類のなかでも最長期間となっています。

乳首を探しておっぱいを飲み、やがては離乳して自立する子どもたちの姿にも、それぞれの動物種の特徴的なくらしや生活環境が映し出されているものなのです。

CHAPTER 2

哺乳類のおっぱい

OPPAI AMONG THE MAMMALIAN SPECIES.

浦島 匡

2-1 哺乳類のくらしとおっぱい

赤ちゃんの成長

ここからは、さまざまな哺乳類のおっぱいに目を向けてみましょう。

じつは哺乳類の種類によって、おっぱいの成分は大きくちがっています。そして出産してからの日数によっても変わることがわかっています。おっぱいはずっと同じものではなくて、種によって、成長によって、ときには環境によって成分の量も質も変化します。

哺乳類の赤ちゃんは、ある程度、成長した段階で生まれてくるものもいれば、とても未熟な状態で生まれてくるものもいます。ウマやゾウは成長して生まれてきて、すぐに自分の足で立ち上がり、お母さんのおっぱいを飲み始めます。お母さんのおなかの中で、かなり成長していたといってよいでしょう。それに対してカンガルー、コアラなどのなかまの有袋類は、未熟な赤ちゃんを出産することが知られています。

【有袋類】
オーストラリアに生息するカンガルーやコアラ、ウォンバットなどと南北アメリカ大陸のオポッサムを含む哺乳類のグループ。子宮内で赤ちゃんを大きく育てる機能がなく、育児嚢という袋の中に乳首をもち、この中で赤ちゃんを育てる。

【有胎盤類】
胎盤をもつ哺乳類。真獣類ともいう。

それはお母さんと赤ちゃんの体重の比率にも表れています。ウシの場合、母ウシは485〜500キログラム以上で、赤ちゃんは30〜40キログラム、アジアゾウだと、お母さんは3500〜4500キログラム、赤ちゃんは150キログラムといったところのようです。

カンガルーのなかでは大型のアカカンガルーの場合、お母さんは体長1メートル体重30キログラムほどありますが、赤ちゃんは体長2センチ体重1グラムほどしかありません。もちろん目は開いておらず、前あしと臭覚以外は未発達で、有胎盤類でいえば胎児のような状態といってもいいでしょう。

とても小さなカンガルーの赤ちゃんですが、生まれてすぐに、小さな前あしでお母さんのおなかをせっせとよじ登って、おなかの袋に入ります。そして4つある乳首のうちの1つに吸いついて、離乳するまでこの乳首を使い続けます。おっぱいを出すのは、赤ちゃんが吸いついた乳首だけです。

動物園では袋から出たカンガルーの子どもが、袋の中に顔をつっこんでおっぱいを飲むすがたも見かけることがあります。カンガルーの子どもは、だいぶ大きくなるまで、お母さんのおっぱいを飲んでいます。大きくなった子どもがこうし

〈ウマやニホンザル、ネコのお母さんと赤ちゃんの体重差〉

ておっぱいを飲んでいるとき、すでに、その乳首とは別の小さな乳首に、新しく生まれた赤ちゃんが吸いついていることもあります。カンガルーは、子どもの授乳中に妊娠出産をしているのですが、そのときは、新しく生まれた赤ちゃんが使う乳首も同時に泌乳を開始するようになります。

哺乳類のおっぱいの成分は、子どもの成長に従って糖質、タンパク質、脂質などの割合が変わっていくのですが、カンガルーもその例にもれません。では、成長段階のちがう2頭の子どもが袋の中にいるカンガルーの場合はどうかというと、おもしろいことに、この2つの乳首から出るおっぱいの成分は異なっているのです。

アカカンガルーでは妊娠期間が30～40日間と短く、授乳期間はおよそ1年と比較的長めです。早く生んで、袋の中でじっくり成長するという進化をしてきたカンガルーにとって、赤ちゃんが生まれて育つローテーションで、成長段階の異なる2頭の子によって授乳期間が重なる時期があるというのも、繁殖戦

生まれたカンガルーの赤ちゃんは前あしをつかってお母さんのおっぱいへ向かう。

乳首に吸いつく赤ちゃん。

【4つの乳首】
何度か出産したカンガルーのお母さんの乳首は3つは小さく、1つが大きい。赤ちゃんが吸った乳首は長くのび、だんだんと大きくなっていく。離乳すると次第に縮むものの、時間がかかるため、次の子が産まれたときも、まだのびたままだ。それで1つだけ大きい。赤ちゃんが吸いつかなかった乳首はおっぱいを出さず、小さいままである。

略として重要なのでしょう。そして同時に別々の乳首から成分の異なる2種類のおっぱいを出すという器用な技も、その進化のなかで身につけた理にかなったしくみです。

多くの哺乳類が含まれる有胎盤類でも、比較的未熟な赤ちゃんを産むものがいます。ヒグマのお母さんは体重は300キログラムありますが、生まれたばかりの赤ちゃんの体重は300グラム程度です。人間の場合、母親の体重は平均50キログラム、新生児の体重は平均3キログラムですから、クマの方が未熟な状態で産んでいることがわかります。そんな人間の赤ちゃんも、ウシやウマに比べると未熟な新生児といえます。ヒトは生まれてすぐは目は開いていないし、動き回ることもできません。生まれたらすでに目は開いて、立ち上がりおっぱいを飲むウシやウマとは大きくちがいます。

生まれてからの成長のスピードも動物の種類によって大きく異なります。赤ちゃんの体重が2倍になるまでの日数の記録を見ると、人間は180日かかりますが、イヌやネコでは9日です。イヌやネコの新生仔は目も開いていないし小さいですが、それからの成長が早いことはよく知られていることと思います。

小さい赤ちゃんを産んで、じっくりと面倒を見てゆっくりと育てるか、ある程度ひとりで生活できる状態までおなかの中で育てて大きい赤ちゃんを産むか、それは動物それぞれの生存戦略ともいえます。そしておっぱいの成分

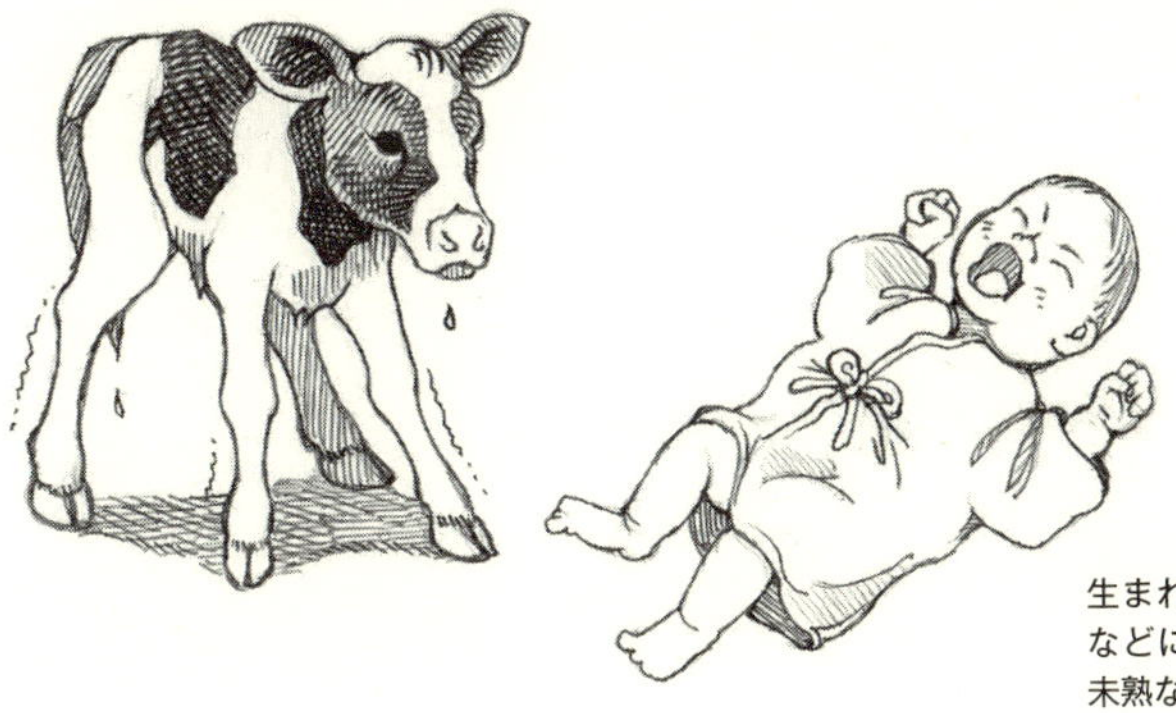

生まれてすぐに立ち上がるウシなどに比べ、ヒトの赤ちゃんは未熟な状態で生まれてくる。

の割合も、こうした哺乳類の生存戦略に見合うように変わるのです。

飲む脂肪？

おっぱいの成分は哺乳類の種によって大きくちがっています。もっとも極端なものはというと、クジラ、アザラシ、ホッキョクグマなど。そのおっぱいは、脂肪分の比率がとても高いことがわかっています。かれらにとっておっぱいは白い液体というようなものではなく、脂っこい固まりを食べているようなものなのです。おっぱいのイメージを根底からくつがえすような事実ではないでしょうか。ちなみに質感としては、濃い生クリームといったところで、のどごしもよくはなさそうです。

各種哺乳動物の乳成分組成　（単位：%）

動物種	水分	全固形分	脂肪	タンパク質	糖質	灰分	子の体重が2倍になるまでの日数
ヒト	88.0	12.0	3.5	1.1	7.2	0.2	180
ウシ	88.6	11.4	3.3	2.9	4.5	0.7	47
サル	87.83	12.17	3.98	2.09	5.89	0.26	-
ウマ	91.05	8.95	1.25	2.13	6.26	0.38	60
ヤギ	87.81	12.19	3.72	3.30	4.25	0.80	22
ヒツジ	83.47	16.53	5.97	5.62	4.22	0.85	15
ウサギ	68.71	31.29	15.95	11.01	2.37	1.97	6.5
ネコ	75.02	24.98	7.61	12.24	3.61	1.05	9.5
イヌ	78.42	21.58	8.64	7.42	4.07	1.20	9
ブタ	79.96	20.04	7.61	5.91	4.79	0.86	14
クジラ	48.33	51.67	34.79	13.56	1.77	1.55	-
アザラシ	32.30	67.70	53.2	11.2	2.6	0.7	-
ホッキョクグマ	57.10	42.90	31.0	10.2	0.5	1.2	-

（足立 達、伊藤敞敏『乳とその加工』1987年、建帛社、表2-4より作成）

体の脂肪には、体温を保ち、エネルギーを貯蔵し、体を保護するなどの役割があります。クジラやアザラシは、海の中でくらす時間が多いか、ずっと海の中にいる動物で「海棲哺乳類」とも呼ばれています。海棲哺乳類の場合、子どもは海水中でも体温を保たなくてはならないので、皮下脂肪をなるべく早く体につける必要があるのです。しかも、真水が得られない海の中で生活しているわけですから、体の水分はお母さんにとっても貴重なものです。子どもにはあまり多くは与えない方がよいのです。

もしかすると、こうした濃いおっぱいは、水中での授乳でもあまり無駄にならなそうですし、北極圏のような寒い場所でも、水分が少ない方が凍らないでいいのかもしれません。いずれにしても、かれらの脂っこいおっぱいは、かれらの生活の中で有用な進化をしてきたといえます。

【海棲哺乳類】
海にくらす哺乳類をまとめて呼ぶ呼び名。分類学的なグループではない。海獣類とも呼ばれるクジラ類、ジュゴンなどの海牛類、アシカ、アザラシなどの鰭脚類、ラッコを含む。

身近なおっぱいではどうだろう?

私たちに身近なおっぱいである、牛乳と人間のおっぱいも、成分の割合が異なっています。脂肪の割合はほぼ同じですが、ヒトでは炭水化物の割合が大きく、タンパク質の割合が小さくなります。また炭水化物の中身も、人乳では乳糖が80%、ミルクオリゴ糖が20%を占めています。ウシではほとんどが乳糖です。

ヒトは脳の発達のために多くの乳糖を必要としますが、赤ちゃんの体の発達は比較的遅いので、体を作るアミノ酸の供給源であるタンパク質は少なくてもすむのではないかと考えることができます。また、乳糖以外のミルクオリゴ糖が多いのは、第1章5節でお話しした、腸内細菌フローラの形成や感染防御、免疫調整などに対するヒトの生存戦略と深くかかわってくると考えられます。

　牛乳を元に作られる育児用粉ミルクは、成分をなるべく人間のおっぱいに近づけることで、赤ちゃんの成長に不足がないようにする必要があります。しかし、乳糖や一部のタンパク質は、チーズホエーを原料として加えることはできますが、母乳に入っている種類の多いミルクオリゴ糖を低価格で作り出すことは、現在のところ、まだ課題が多い状態です。

　また牛乳にはあって、人間のおっぱいにはないか、または少ないタンパク質と

〈ヒトとウシのおっぱいの糖〉

【アミノ酸】
動物の体を構成するのに必要な有機化合物。動物の血管や皮膚、筋肉などを作るタンパク質はアミノ酸からできている。タンパク質には約20種類の一般的なアミノ酸が含まれている。

【育児用粉ミルク】
「育児用調整乳」ともいい、母乳の成分を研究して、原料の牛乳の組成を母乳に近づけるため、栄養成分を置換、強化、除去など改良したもの。最も安全が求められる食品の1つで「乳児用調製粉乳」の表示が許可されるには、エネルギー、タンパク質など、20項目の成分組成の基準に適合しなければならず、申請の手続きもほかの食品に比べて、とくに厳しい。

いうものもあって、それを取り除くことも難しい課題です。加えて、成長段階によって、おっぱいの成分も変わるので、さまざまな泌乳時期ごとに合わせなければなりません。育児用粉ミルクを、本来のお母さんのおっぱいがもつ機能に近づけるためには、まだまだ進歩が求められているのです。

おっぱいが明かすクマの冬眠の秘密

おっぱいの成分の割合からは、哺乳類の生存戦略、子育て戦略をうかがい知ることができます。クマは冬ごもりをする哺乳類として知られています。冬ごもり前に食糧をたらふく食べ、皮下に脂肪を溜め込んでから穴に入ります。そして冬ごもり中に眠ったままで、未熟な状態の赤ちゃんを出産します。冬ごもりの間は何も食べませんが、赤ちゃんにはおっぱいを与えます。

クマのおっぱいの成分組成は、脂肪分の割合がとても大きく、またタンパク質の量も多いのですが、炭水化物は非常に少ないのが特徴です。炭水化物のなかでも、乳糖はとくに少なくて、ミルクオリゴ糖の方が多く含まれています。

未熟な赤ちゃんが成長するためには、おっぱいには、体を作るアミノ酸の元となるタンパク質が必要となります。一方で、冬ごもり中の母親は絶食していますから、当然体に糖質を補給することはできません。でも、自分の命を保つために一定の血糖値

【冬ごもり】
冬眠は、動物が食料の少ない冬を過ごすために、体の代謝を落とし、体温を低下させて冬を越すこと。クマの場合、生理的には冬眠の状態であるが、ほかの冬眠をする哺乳類と比べて体温の低下もそれほど著しくはなく、目も覚めやすいので冬ごもりと呼ばれることも多い。

を保持していなければなりません。血糖値が維持されていないと脳神経系にダメージを受けてしまうからです。仮に糖質を体で作り出そうとするならば、体を作っているタンパク質を壊して作る以外に方法はありません。しかし、それではクマのお母さんの体がもちません。

そのため、赤ちゃんには栄養源として乳糖ではなく、皮下にたくさん溜め込んだ皮下脂肪から乳に脂肪を移し、それを与えて育てる——そして、貴重な糖質は自分の生命維持のために使う。そんなおっぱいの進化が、クマには起こっていたのではないでしょうか。

普通は、おっぱいに含まれる脂質は乳腺の中で作られますが、クマなどには皮下脂肪を乳の中に移動させるようなメカニズムがあるようです。このようにクマの脂っこくて乳糖を含まない乳の秘密は、冬ごもりというクマの生理と深く関係しているようです。

アザラシとアシカ授乳戦略のちがい

アザラシは、授乳期間が短いことで知られています。ゴマフアザラシでは長くて3週間、極端な例ですとアザラシのなかでもっともおっぱいをあげる期間が短いズキンアザラシでは、わずかに3日です。なんと赤ちゃんは1日に10キログラムも体重を増やすのです。アザラシは、クマと同様でおっぱいを与えている間は絶食しています。ということはズキンアザラシのお母さんは、1日に10キログラムの体重を失うことになります。

　アザラシは春先の短い子育て期間が終わると、その後は、赤ちゃんの面倒をまったく見なくなります。赤ちゃんアザラシが育っていた流氷は解けてしまいますし、生きていくためには早く泳ぎを身につけ、自分で魚を捕らなければいけません。それをおぼえるまでに、みるみるうちに蓄えた脂肪は減っていってしまいます。アザラシたちにとっては水中が安全な場所でもあります。赤ちゃんは急速に成長して海に入る必要があり、そのために脂肪を蓄える必要があり、短い期間で成長するためにも、とくに脂っこい乳が必要なのでしょう。

　同じ鰭脚類に分類されるオットセイの場合は授乳期間は長いのですが、お母さんは子どもを産んでしばらくすると、食べもの探しの旅に出ます。この旅は、長くかかるときもあり、そうでないときもあるのですが、オットセイのお母さんが帰ってくるまでの時間は最大で23日という記録もあります。その間は赤ちゃんはおっぱいをもらうことはできません。お母さんが食べもの探しからもどって、やっとおっぱいがもらえます。これを何度も繰り返します。人間なら、比較的赤ちゃんのおなかの都合でおっぱいが与えられるので、このような不規則な授乳では泣き出してしまいます。オットセイがこのような不規則な授乳でも発育不良にならないのは、やはり脂肪分の多いおっぱいに何か秘密があるのでしょう。

【ズキンアザラシ】カナダ東岸からアイスランドにかけて生息する全長2～3メートルの大型のアザラシで、オスはメスよりも大きい。オスは成体になると、鼻が大きく発達する。鼻には袋があり、メスをめぐってほかのオスと争うときに膨らみます。

オットセイ以外の動物の場合、赤ちゃんへの授乳がすむと乳腺細胞の細胞死が起こって乳腺の機能は役割を終えてしまいます。しかしオットセイの場合は食べもの探しの旅の期間も乳腺の機能は活発なままです。旅の期間は、岸にいる期間と比べて80％のおっぱいの生産量の低下が起こり、乳成分の中ではタンパク質の量はとくに低下しているようです。赤ちゃんからの刺激がないのに乳腺の機能を維持するしくみがオットセイにはあるのはふしぎなことです。こうした授乳方法のちがいにも、その生物の進化の足跡が感じられます。

赤ちゃんの栄養源は脂？　それとも糖？

アザラシやクジラ、クマのように、脂っこくて糖の少ないおっぱいをもつ哺乳類、つまり赤ちゃんのエネルギー源として乳糖を必要としていない哺乳類では、乳腺の中で乳糖の生産にかかわっている2つのタンパク質のうちの1つ、α-ラクトアルブミンの量が少ないようです。

アザラシのおっぱいでは少量ながら乳糖や種類豊富なミルクオリゴ糖が含まれ、オットセイでは乳糖もミルクオリゴ糖も発見されませんでした。アザラシでは乳腺でα-ラクトアルブミンの発現量は低下していても残っているのに対し、オットセイではまったく発現されなかったということでしょう。このオットセイの分析では、糖の気配が一切なかったということではなく、「複合糖質」と呼ばれる、タンパク質や脂質に結合した形の糖の反応があったことをつけ加えておきます。

有袋類のダマヤブワラビーのおっぱいでは、乳糖は少なくて、ガラクトオリゴ糖という乳糖よりも分子量の大きなミルクオリゴ糖が多く見られます。ワラビーの赤ちゃんは、このミルクオリゴ糖をエネルギー源としています。そして赤ちゃんを産んでそれほどの時間が経過していない時点では炭水化物の割合が高いのですが、時間が経つにつれ少なくなり、反対に脂質の量が多くなっていきます。このことから、はじめ赤ちゃんは主に栄養源を糖に依存して、成長するにつれて脂質に依存するようになっていくと考えられます。

ワラビーの赤ちゃんはとても未熟な状態で生まれ、お母さんのおなかをよじ登って袋に入るという長旅をし、しばらくは未発達な状態で乳首に吸いついて育ちます。きっと炭水化物は、未熟な状態の赤ちゃんを急ぎ成長させるエネルギーとして大事な要素なのでしょう。

シドニー大学のマイケル・メッサー博士は、ダマヤブワラビーの赤ちゃんの小腸には乳糖を分解する酵素ラクターゼの活性はな

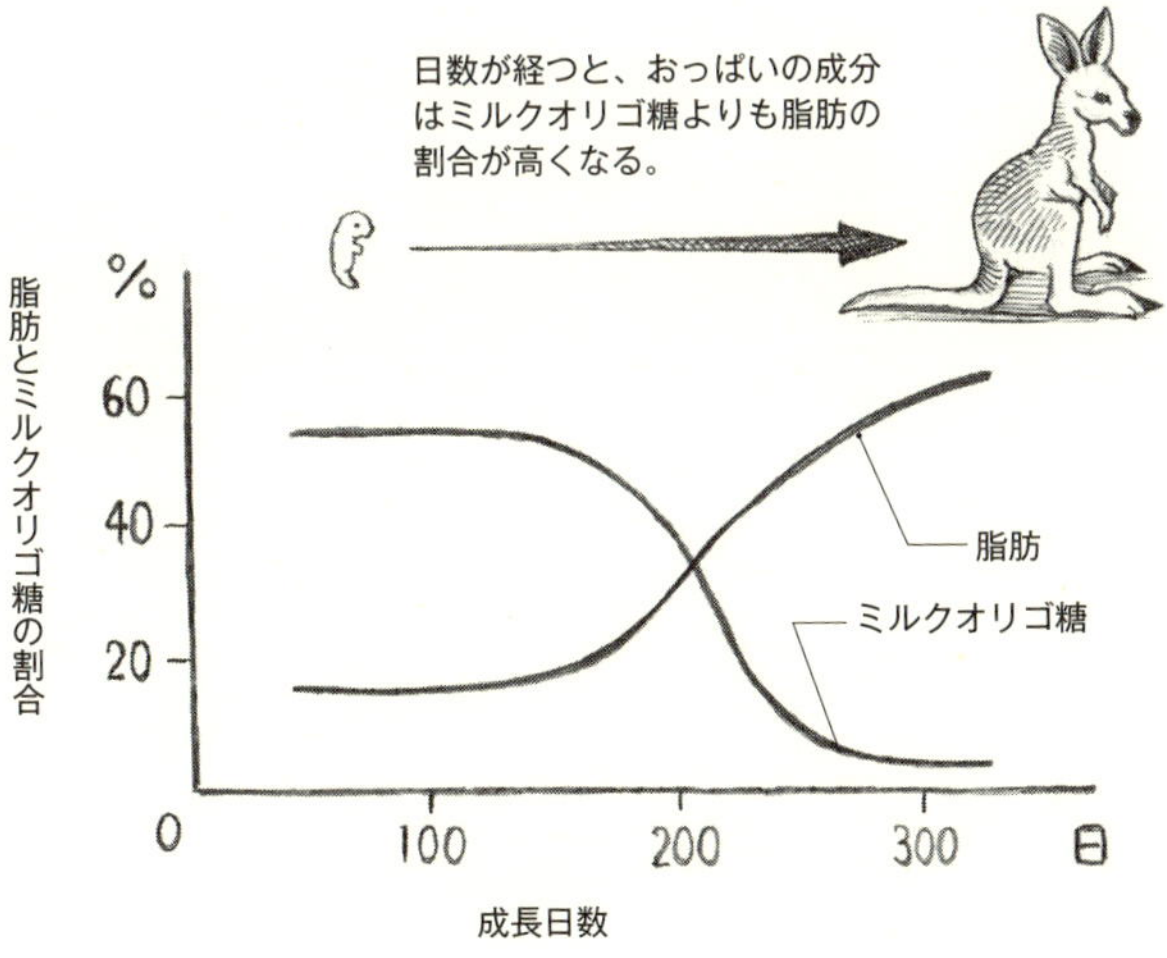

いけれども、細胞内のリソソームにミルクオリゴ糖を分解する酵素系があることを発見しています。どうやらカンガルーやワラビーの赤ちゃんは、これらのオリゴ糖を小腸の細胞の中にそのまま輸送し、リソソームで単糖に分解してから利用しているようです。腸の上でなく、細胞の中で消化しているわけです。

どの動物のおっぱいにも、赤ちゃんが体を作るために必要なタンパク質は、ある程度の量は必ず含まれていますが、それ以外の活動のためのエネルギー源を脂肪に求めるのか、それとも乳糖やミルクオリゴ糖に求めるか、これも動物たちの生息環境や生存戦略とも深くかかわる進化の結果のようです。

動物園や水族館のおっぱい事情

動物園や水族館では、ストレスなどでお母さんが子育てを放棄してしまい、代用乳で育てなければならないことがよくあります。代用乳は入手しやすい牛乳を原料として調製するわけですが、動物の種類によっておっぱいの成分は大きく異なりますから、それぞれ成分を合わせなくてはいけません。

例えばダマヤブワラビーのおっぱいに含まれるミルクオリゴ糖のガラクトオリゴ糖は、平均で6糖くらいというサイズの糖です。これは乳糖よりも分子量が大きいという特徴があります。分子量が大きいということは、乳の中の糖のグラム含有量が高くてもモル濃度は低いので、糖質の量が高くなっても高い浸透圧を招きません。そのようなカンガルーやワラビーの仔に乳糖の多い牛乳を飲ませたら、37ページで述べているように、小腸で消化しきれなかった乳糖が大腸に移り、浸透圧を高めて、たちまち下痢を引き起こしてしまいます。

そうならないよう、牛乳よりもおっぱいの中の乳糖の割合が低い種では、代用乳の中のその一部を、あらかじめ酵素の働きでブドウ糖とガラクトースに分解しておく必要があります。ブドウ糖とガラクトースは小腸で吸収されるので、大腸での浸透圧上昇の原因とはならないからです。

オーストラリアでは、有袋類が交通事故にあうケースが後を絶ちません。交通事故で死んだカンガルーやワラビーのお母さんの袋から、生きている子どもを保護して代用乳で育てている心優しい人たちもいます。もちろん代用乳では、乳糖は分解されて減らされてはいますが、カンガルーなどの乳に含まれるミルクオリゴ糖がなければ、子どもの成長は遅れます。

筆者は以前、恩師のメッサー博士からヤクルト本社のガラクトオリゴ糖をもらってはくれないかと頼まれました。ヤクルト本社のものが、カンガルーやワラビーのガラクトミルクオリゴ糖にもっとも構造が近いので、その代用乳に添加したいとのことでした。そこでヤクルト本社の友人から分けていただき送ったのです。

その結果、ヤクルト本社のガラクトオリゴ糖を添加した調合乳を与えたカンガルーの子どもは体重の増加が改善されました。現在ではバイオラク社というオーストラリ

【モル濃度】
濃度を表す方式の1つ。単位体積あたりの溶液中に溶けている物質の量。

【浸透圧】
▼P37脚注

ダマヤブワラビー

アの一家族が経営するペットフードの会社から、ガラクトオリゴ糖を添加した有袋類向けの調合乳が販売されています。

またあるとき、和歌山県のアドベンチャーワールドから相談を受けたこともありました。動物園で出産したホッキョクグマは、出産直後に赤ちゃんを殺してしまうことがしばしばあります。そのためアドベンチャーワールドでは、出産と同時に赤ちゃんを保護し、代用乳で育てようと試みていたのです。私がホッキョクグマの乳には、ミルクオリゴ糖の量が乳糖よりも多いという研究成果を発表していたので、飼育員の方がそれを知り、代用乳にオリゴ糖を添加した方がよいかどうか問い合わせてくれたのです。

代用乳は同じ食肉目であるイヌ用のものをベースとしました。ホッキョクグマのおっぱいの組成は脂質の含量が高く、糖質は低くなります。とくに乳糖の含有量は低いのですが、乳糖よりもミルクオリゴ糖が多く含まれています。私の研究では、イソグロボトリオースというオリゴ糖が最も多いという結果が出ていたので、イソグロボトリオースに最も近い、α-ＧＯＳという糖（塩水港精糖により開発。現在では製造されていない）を添加してはどうかと返答しました。すると代用乳に添加したα-ＧＯＳがよい栄養となったのか、またはα-ＧＯＳが細菌の感染防御に役立ったためかはわかりませんが、赤ちゃんは病気にもかかわらず、すくすくと成長したようです。

動物の種類によって、そして赤ちゃんの成長に合わせて成分が変わることもあるおっぱい。生物の体というのは複雑ですばらしい生産のしくみを宿していると感嘆し

【ヤクルト本社】 日本の乳酸菌飲料メーカー。飲料のほかに食品、化粧品、医薬品も取り扱っている。ヤクルトは国際共通語であるエスペラント語でヨーグルトを意味する「ヤフルト（jahurto）」から作った造語。

【アドベンチャーワールド】 和歌山県にある動物ふれあいテーマパーク。サファリパークや、水族館などがある複合施設で、海獣類のパフォーマンスが充実。パンダの飼育で知られている。

【ホッキョクグマ】 北極圏に生息する大型のクマ。足の裏にも毛が生えている。水中のくらしにも適応し、アザラシなどを食べる。一般にシロクマと呼ばれるが、和名はホッキョクグマ。

ます。反面、こうした代用乳の調整という面から見ると、手強い対象といわざるを得ません。代用乳のニーズは高く、動物の赤ちゃんたちの生死にかかわるものなので、なんとか生産できたらいいのですが、成分を研究するためのおっぱいの入手が難しい動物も多く、ましていろいろな成長段階のものを集めるのは至難の業というのが現状です。

もし、こうしたデータが集まったら役に立ちますし、動物の進化の謎にも迫れる、おもしろい研究テーマでもあります。さまざまな動物のおっぱいを提供いただける機会があるなら、これからの動物飼育のためにも分析をしたいと思っています。

2-2 ミルクオリゴ糖のちがい

ヒトとクマのミルクオリゴ糖のちがい

多くの哺乳類のおっぱいでは乳糖がミルクオリゴ糖よりも量が多いのですが、主にオーストラリアに棲息する単孔類や有袋類では、ミルクオリゴ糖の方が多いことが知られていました。一方で、胎盤の中で仔を育てる有胎盤類のなかでも、例外的にクマの乳のミルクオリゴ糖は乳糖よりも多いことがわかっていました。しかし、クマの乳にはどのようなオリゴ糖が含まれているか、まだだれも研究していなかったのです。私は1994年にメッサー博士とのぼりべつクマ牧場を訪れたことから、エゾヒグマのおっぱいを分けていただくこととなり、クマのおっぱいの成分を分析することができました。

のぼりべつクマ牧場では春先に生まれた仔グマを、ある程度成長した後に、お母さんから引き離します。麻酔銃によって母グマを眠らせるのですが、その間に飼育員の

【のぼりべつクマ牧場】
北海道登別にあるクマ専門の動物園。ヒグマの人気投票を行うNKB総選挙は2016年現在までに5回開催されている。

方がおっぱいをとってくれたのです。

このときのエゾヒグマのおっぱいに関する研究を論文として発表したところ、今度はノルウェーのスバールバル島でホッキョクグマなどの調査をしている、ノルウェー極地研究所の研究者から、ホッキョクグマの乳があるので、ミルクオリゴ糖の分析をしてもらえないかという依頼がやってきました。北極地方は地球の自転の影響でPCBなどの汚染物質が集中していることが知られています。

北極圏で食物連鎖の頂点に立つホッキョクグマは、汚染された魚や、それを食べたアザラシを食べものとしており、汚染物質を、濃縮された状態で取り込んでしまうのです。皮下脂肪や血液、そして乳に環境汚染物質が蓄積されている可能性があります。ノルウェーの研究者たちの目的はホッキョクグマたちの体組織や体液に蓄積されている環境汚染物質の量を測定し、地球環境汚染の現状を調べることでした。しかし、おかげで私も貴重なホッキョクグマのおっぱいを入手することができました。

また、別の機会に秋田県の北秋田市阿仁熊牧場（阿仁マタギの里）からツキノワグマのおっぱいもいただくことができました。こうして奇遇にも3種のクマのおっぱいを調べることができたのですが、これはちょっとした自慢です。

さて、クマのおっぱいを分析してみたところ、ミルクオリゴ糖の量が乳糖よりも圧倒的に多いことがわかりました。おもしろいことにクマのミルクには、人間の血液型（ABO式）を決める、血液型物質のようなオリゴ糖が含まれていました。

ホッキョクグマのミルクオリゴ糖の中には、A型やB型の構造単位が含まれていま

【PCB】
ポリ塩化ビフェニルの略称。変圧器やコンデンサなどで広く利用されていたが、慢性毒性が高い上に脂肪組織に蓄積しやすいことから、日本では製造、使用、輸入が禁止されている。

【北秋田市阿仁熊牧場】
マタギの里として知られる、秋田県北秋田市にある「阿仁マタギの里」内にある市営のクマ牧場。

したが、1頭のミルクにはA型オリゴ糖とB型オリゴ糖が、ほかの1頭のミルクにはA型オリゴ糖が含まれていました。そして、ツキノワグマのミルクにはB型オリゴ糖が、エゾヒグマのミルクにはO型オリゴ糖が含まれていました。

ヒトのミルクオリゴ糖ではA型またはB型物質を含むオリゴ糖は、あったとしてもとても少量です。また、クマのミルクにはα-Gal エピトープという構造を含むオリゴ糖が豊富に含まれています。でも、α-Gal エピトープはヒトのおっぱいだけでなく、体液や体組織にある糖の中にも含まれていません。このようにヒトとクマではもっているミルクオリゴ糖が大きくちがっています。

【血液型】
血液型は糖の種類によって決定する。そうした糖は、赤血球や小腸、そして大腸の細胞膜表面の糖と結合したタンパク質や脂質の中に存在する。A型のヒトの血液にはB型血液型物質は含まれず、B型物質に対する抗体が含まれている。一方、B型のヒトはA型血液型物質をもたず、血液の中にはA型物質に対する抗体が含まれている。O型のヒトの血液にはA型物質、B型物質とも含まれていないので、両方に対する抗体が含まれている。A型とB型の血液を混ぜた場合、この抗体の働きで凝固してしまうために、輸血のときに血液型の確認が重要となる。

A型、B型、O型物質はそれぞれ固有のGalNAc（α1-3）[Fuc（α1-2）] Gal、Gal（α1-3）[Fuc（α1-2）] Gal、Fuc（α1-2）Gal という糖の単位を分子の左側に含んでいる。

ミルクオリゴ糖型の役割

またその後の研究で、ヒトタイプ血液型のA型やB型のオリゴ糖単位をもつミルクオリゴ糖は、ほかの動物でも見られることがわかりました。A型オリゴ糖はイヌ、スカンク、ライオン、ウンピョウ、ミンククジラ、ボノボなどのおっぱいに、B型オリゴ糖はハイエナ、ゴリラ、シファカ、タスマニアハリモグラなどのおっぱいに発見されています。

こうしたA型オリゴ糖やB型オリゴ糖にはどのような役割があるか、筆者はノロウイルスのような病原体に注目しています。はたしてこれらのミルクオリゴ糖はどのようなしくみで病原体を撃退するのでしょうか。たとえばノロウイルスの感染は胃腸管の細胞の表面の糖鎖に含まれているA型またはB型物質のようなレセプターを、付着するターゲットにするという報告もあります（このウイルスのレセプターはそればかりではありません）。A型またはB型オリゴ糖は、腸の細胞表面のかわりにノロウイルスにくっつき、そしてウイルスを体の外に出してしまうような働きがあるのではないかと想像しています。

このようにして多くの哺乳動物のミルクオリゴ糖の分析を行い、それぞれの動物のおっぱいを比較検討した結果から、人間のおっぱいにのみ見られるミルクオリゴ糖の

【シファカ】
マダガスカルに生息するキツネザルの1種。長くてふさふさのしっぽがキュート。

【ノロウイルス】
ウイルスの1種で、人体に入ると小腸で増殖をする。それを排出しようと下痢や嘔吐といった症状を引き起こす。ノロウイルスは小腸で血液型を決定する糖である血液型抗原に付着する。ウイルスのタイプによってターゲットとする抗原が異なるために、血液型によって、感染しやすい、しにくいといった差異が出る傾向がある。

特徴がわかってきました。ミルクオリゴ糖には、乳糖に直接単糖であるフコースやシアル酸が結合したもの以外ではGal（β1-3）GlcNAc（ラクト-N-ビオースI）というオリゴ糖の単位を含むタイプI型に分類されるものと、Gal(β1-4)GlcNAc(N-アセチルラクトサミン）という単位を含むタイプII型の2つのタイプがあります。

人間のおっぱいに含まれるオリゴ糖の量を量ってみると、タイプI型の方がタイプII型よりも量が多いことに気づきました。ほかの哺乳類では、ウシやヤギ、ヒツジ、クマやゾウなどをはじめ、多くの哺乳動物のおっぱいには、タイプII型のオリゴ糖しか含まれていませんでした。

チンパンジーやボノボ、オランウータンのような類人猿のおっぱいには、タイプII型のオリゴ糖とともにタイプI型のオリゴ糖も含まれていましたが、タイプII型の方がたくさん含まれていました。タイプI型のオリゴ糖が優先的という特徴は人間だけにあって、人間の進化の過程で獲得されたものと推測されます。それが人間の赤ちゃんにとってどのような意義をもっているのかを解き明かすのはこれからの課題です。私はヒトと腸内に生息するビフィズス菌との共進化に一役買っていると考えています。おっぱい研究者として大変興味をそそられるテーマです。

2-3 さまざまなおっぱい物質

カモノハシ、ハリモグラの乳に固有のタンパク質

オーストラリアに生息する単孔類（カモノハシ、ハリモグラ）は、卵を産みます。哺乳類なのでおっぱいは出しますが、乳首はなく、ミルクパッチといわれる小さな穴からおっぱいを分泌します。

2014年にカモノハシ、ハリモグラのおっぱいから、ある種の細菌が増殖するのを抑える働きがあると考えられるタンパク質が発見され「MLP」と名づけられました。MLPが抑制するのは、ウシなどに

【MLPの発見】
カモノハシ、ハリモグラのおっぱいの細胞から未知の機能をもったタンパク質を作り出す遺伝子を取り出し、大腸菌に組み込んで培養して得られた。後にハリモグラやカモノハシから採集した乳汁の中からも発見されている。

おいて乳房炎を引き起こす細菌スタフィロコッカス・アウレウスと、乳腺や胃腸に常在する細菌で、免疫力の弱ったマウスにおいて感染を引き起こすことが知られているエンテロコッカス・フェーカリスという細菌の増殖です。単孔類は、乳首や乳房がなく、おっぱいは皮膚に溜まります。ＭＬＰがこれらの細菌を抑制することで、母親の皮膚や赤ちゃんの腸内が病原性の細菌に感染するのを防ぐ役割をもっているのではないかと考えられています。

ＭＬＰはほかの哺乳類からは見つかっていないことから、この発見をした研究者は、ＭＬＰは哺乳類が誕生する以前の共通の祖先において、おっぱい以外のところで発現していたが、単孔類以外の哺乳類では失われたタンパク質であると推測しています。なぜ単孔類から分かれた哺乳類でＭＬＰが失われたのか、これもまた興味深い謎です。また、ＭＬＰの遺伝子配列情報を調べると、そのほかの哺乳類や鳥類、魚類ももっているC6orf58というタンパク質とよく似ていることもわかっています。

哺乳類のおっぱいの中には、母親の獲得免疫成分である免疫グロブリンや、天然免疫成分であるラクトフェリン、リゾチームなどのようなタンパク質が存在し、細菌の感染から赤ちゃんを守っています。ＭＬＰが単孔類のお母さんの皮膚を感染から守る役割があるのと同時に、ラクトフェリンやリゾチームも仔への感染を防ぐとともに、母親の乳房をも細菌感染から守っているのではないでしょうか。

【獲得免疫】
後天的に外来異物の刺激に応じて形成される免疫であり、高度な特異性と免疫記憶を特徴とする。

ウサギの赤ちゃんを誘う乳腺フェロモン

ウサギのお母さんは、産んだ赤ちゃんを巣の中に置き、ときどき戻ってきておっぱいをあげることが知られています。赤ちゃんを産んで2週間は1日に1回、4～5分の授乳をするだけですから、赤ちゃんにとってはお母さんはとてもけちな存在に感じてしまいます。お母さんが巣に戻ってきてから、赤ちゃんはおっぱいをもらいます。

ウサギは1回の出産で5匹くらいの赤ちゃんを産みますが、一緒に生まれた兄弟はおっぱいをもらうときのライバルでもあります。赤ちゃんにとっては、お母さんの乳首に吸いつけないと、生存を左右しますし、ライバルたちに負けないようにお母さんがどこにいるか知らなくてはいけません。

しかし、目が開いていない生まれたばかりの赤ちゃんでも、ちゃんと

【フェロモン】
動物の体内で作られ、体外に分泌されることで、同種他個体、または集団の行動や生理機能に影響を与える物質。集合フェロモン、性フェロモンなど。害虫をフェロモンで呼び寄せて駆除する、環境にインパクトの少ない農薬としても使われている。

お母さんのおっぱいにたどり着くことができます。これまでは嗅覚を頼りにおっぱいの匂いをかぎあてるのであろうと考えられてきましたが、じつはおっぱいに向かわせる「誘引フェロモン」があると最近の研究でわかってきています。

フランス国立科学研究センターのベノア・シャール博士は、ウサギのお母さんから搾った新鮮な母乳から成分を集め、その中のどの揮発性の化合物にウサギの赤ちゃんが反応するか調べました。

おっぱいの中には揮発性化合物が150ほどもありますが、その中の2MB2という化合物にのみ、赤ちゃんの行動を引き起こす効果があることを発見しました。2MB2に対する反応は帝王切開でとりだした赤ちゃんも同じで、探索行動を示しました。

一方で、お母さんの皮膚分泌物や血液、羊水から取り出した揮発性化合物に対しては、赤ちゃんが誘われるという観察はされませんでした。またラット、ヒツジ、ウシ、ウマ、ヒトなどのおっぱいから取り出した揮発性成分にたいしては、ウサギの赤ちゃんは探索行動を見せません。つまり2MB2に対するウサギの赤ちゃんの行動はウサギにのみ見られる関係といえます。シャール博士は、このようなおっぱいの中に含まれる、お母さんと赤ちゃんのコミュニケーションを促すような物質を「乳腺フェロモン」と名づけました。これはウサギでの話ですが、乳腺フェロモンは、ほかの動物種にもあると予想されます。

ヒトにも乳腺フェロモンはあるか

ではヒトの場合にも同様な乳腺フェロモンはあるのでしょうか？

ヒトの場合はウサギとは異なる状況が、シャール博士のグループによって報告されています。ヒトの乳首には周囲に褐色の輪、乳輪があります。乳輪のところにぶつぶつとした穴がありますが、出産したお母さんがおっぱいを出しているとき、そのぶつぶつは大きくなっています。このぶつぶつにはちゃんと名前があって、「モントゴメリー腺」といいます。

シャール博士のグループは、出産した女性のモントゴメリー腺からしみ出してきた液体と母乳、牛乳、乳製品、またはバニラエッセンスをガラスのスティックの先につけ、生まれて3日目の赤ちゃんが眠っているときに鼻の先に置いてみました。モントゴメリー腺分泌液体は、赤ちゃんのお母さんからのものではなくて、同じ日に新生児を出産した他人のお母さんからもらったもので試してみました。

赤ちゃんが関心をよせて口をもごもごと動かしたり、またスティックの方へ顔を寄せたりといった行動が見られれば、赤ちゃんがその物質に誘われているというわけです。そうするとおもしろいことに、赤ちゃんが反応したのはお母さんのおっぱいでも牛乳でもなく、他人のお母さんのモントゴメリー腺分泌物に対してでした。

そして匂いをかいで息を吸い込むような行動を見せたのも、モントゴメリー腺分泌物でした。ヒトにも新生児が乳首に吸いつくのを促すような乳腺フェロモンはあるということがわかります。このモントゴメリー腺からの物質の詳細については、今後の研究が待たれています。ほかの類人猿ではどうなのかも興味が湧きますし、赤ちゃんの授乳行動を促すようなフェロモン成分が乳腺から分泌されるか、それともモントゴメリー腺のようなほかの分泌腺から分泌されるのか、理解が深まっていけば、哺乳類のおっぱいの進化についてさらにわかってくると思います。

オスのフェロモンはおっぱいに影響するか？

ラットやマウスのメスにオスのにおいをかがせると発情し繁殖を誘導することがあります。では、おっぱいへの影響もあるのでしょうか。

マウスでの実験によると、メスはオスのフェロモンによっておっぱいが発達することがわかりました。ここまでは、さもありなんといったところですが、インディアナ大学の小山幸子博士の研究によって、さらに興味深い結果が得られました。メスにフェロモンをふくんだオスの尿のしみこんだ「わら」をかがせ、生まれた赤ちゃんマウスの脳を調べると、ポリシアリルトランスフェラーゼという酵素の発現量が多く、脳が発達していることがわかりました。

この脳への効果は、胎児の段階ではなくて生まれた後に飲んだおっぱいの成分によるものであるらしいのです。おっぱいに含まれるミルクオリゴ糖の一部にはシアル酸という物質が含まれています。シアル酸は学習能力に深く関係していると考えられています（▼P25）。

オスフェロモンに触れたメスのおっぱいの中では、シアル酸含有オリゴ糖の量が多くなり、それを赤ちゃんが吸収し、脳のポリシアル酸（シアル酸がたくさんつながった物質）の合成材料として使用され、それが子の学習能力の向上につながったとも考えられるのです。

おっぱいはオスも出す？

おっぱいは、出産したあとの哺乳類のメスだけが出す——常識的には間違ってはいません。なのに、おっぱいを出さないオスにも乳首があるのは、とてもふしぎなことです。

メスでも妊娠をしていないにもかかわらず、おっぱいを出すことがあります。あたかも妊娠したかのような状態になる「擬妊娠」したマングースやイヌがおっぱいを出したケースが確認されていますし、また妊娠も擬妊娠もしていないメスに子どもを近づけたらおっぱいを出し始めたということが、ヤギやラット、飼育している霊長類や

【擬妊娠】
一般に想像妊娠と呼ばれる。妊娠と似たような兆候が体に表れるが、実際には妊娠をしていない状態。

シロイルカなどで観察されています。

少し飛躍しますが、そう考えると動物のオスや人間の男性がおっぱいを出したというケースだってあり得るかもしれません。

おっぱいの分泌は、プロラクチンというホルモンが働いて開始されますが、じつは血液の中のプロラクチンは妊娠していないメスや、濃度は低いながらオスももっているのです。またオスの乳首を刺激すると、血液の中のプロラクチンの濃度が高まったという例もあります。実験的にも確認されていて、ラットのオスにラクトゲンというホルモンを与えたところおっぱいを出し始めた例があります。どうやら可能性はありそうです。

人間の場合でも、第二次大戦中に栄養不足に陥った捕虜が解放され、十分な食糧を与えられた後におっぱいを出したというエピソードがあります。この男性は抑留期間中に肝臓、精巣、脳下垂体の機能不全に陥ってしまったそうです。解放された後に精巣と脳下垂体の機能は回復されましたが、肝臓の機能回復が遅かったのでホルモンのバランスを崩したことが原因のようです。

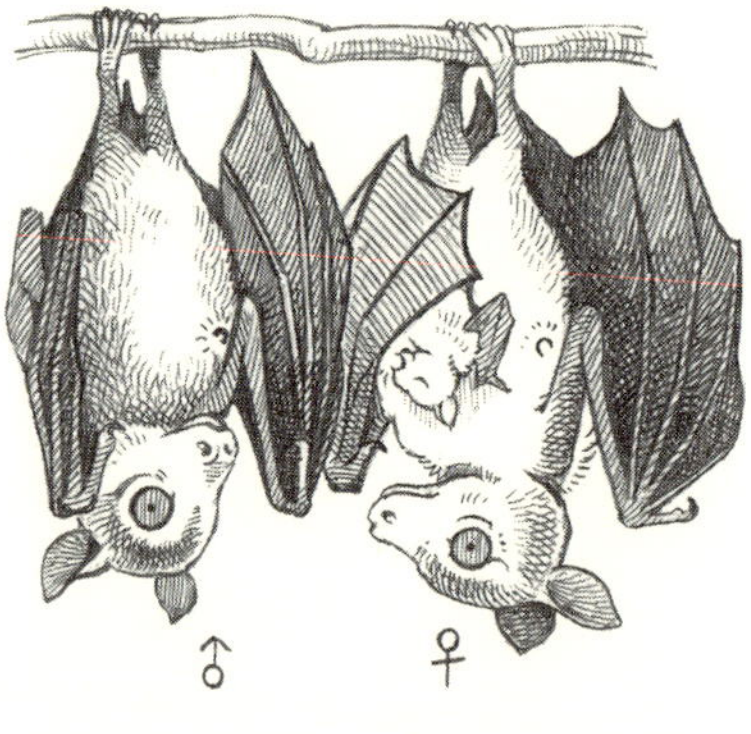

ダヤックフルーツコウモリのオスとメス
オスの乳首の方が小さいが、機能的にはメスと同じだった。

こうした特別な状況下ではないオスは、子どもにおっぱいを与えるようなことはないのでしょうか。

マレーシアのダヤックフルーツコウモリの集団では、捕獲された18匹のうちの13匹がオスで、そのうちの10匹が、乳腺から少量のおっぱいを出したといいます。このオスの乳首は、おっぱいを出しているメスの乳首よりも小さくはあったものの、よく観察してみると、機能的にメスと同様でした。しかし、3匹の大人のメスから集められたおっぱいが350マイクロリットルだったのに対し、2匹のオスから集められたおっぱいの量は4～6マイクロリットルでだいぶ少量です。

ダヤックフルーツコウモリのオスが、実際に子どもにおっぱいを与えていたかどうかはだれも観察していませんが、おっぱいを出したオスは活発な精子ももっていたので、先の人間のケースのように、機能低下が原因ではないのでしょう。コウモリは一夫一妻で、両親で子供の面倒をみます。もしも実際にオスも子どもにおっぱいを与えるということがあったとしたら、自然の神秘さを感じないではいられません。

ダヤックフルーツコウモリのオスだけではなく、2014年には淡路島でオスのヤギがおっぱいを出し始めたという話がありました。授乳中の仔ヤギが、母ヤギから引き離されて鳴き始めたところ、近くにいたオスヤギがかわいそうに思ったのか、おっぱいを出すようになったとのことです。

世の中の男性には、小さいながらも乳首がついていることはみな知っているし、それは役には立っていないと思っています。しかし、なぜそこにあるのでしょう。もし

かしたら、環境の変化に対応できるように自然が与えてくれている予備のようなもの
かもしれません。
おっぱいには、まだ知られていないふしぎがたくさんあります。次章では、哺乳類
がいかにおっぱいを獲得したのか、その進化の謎に迫ってみましょう。

OPPAI COLUMN

オスは子育てに参加する？

森由民
YUMIN MORI

1頭のオスと複数のメスによる群れを基本とするゴリラのオス（父親）は、母親から子どもを預かり、じゃれついたり、そばで眠ったりといったことを鷹揚に許します。そこでしばしば「育メン」などと呼ばれますが、ゴリラのオスと現代のヒトの父親像の類型を素朴に重ね合わせてしまうと、いささか認識のブレが起こりかねません。

ゴリラの母親は、子どもが3歳くらいになると父親に預けますが、これはちょうど離乳の時期にあたります。それ以降、メスはあまり子どもとかかわらず次の発情を迎えます。つまり、ゴリラのオスの育児参加は、子どもの保護と、メスに次の子どもを妊娠させることを両立させているのです。

一般に類人猿では、メスの単独性が高くなるほど離乳が遅れるとされています。チンパンジーはオス、メスとも複数の群れを作りますが、育児期間にはメスが単独でいる傾向が強くなり、ゴリラよりも長い5年ほどで離乳します。オランウータンは、大人になるとオスもメスも単独でくらすようになり、育児は母親だけの仕事で、授乳は7年ほど続きます。

このようにヒトに近い大型類人猿たちでは、父親を含む群れのなかまが育児にかかわることは、子どもの離乳と深く結びついています。

ここで南米の小型霊長類マーモセットのなかまを見てみましょう。かれらはペアを基本とした家族がすみか（巣）を作り、母親の授乳期間にも父親や兄姉が積極的に赤ん坊の世話に参加します。授乳時のほかは母親以外の個体が赤ん坊を背負い続けている、といった姿も見られます。かれらはもっぱら双子や三つ子を産み、しかも親の体の大きさに比べて子どもの体重が重く、父親個体や兄姉が「共同保育」をすることで、文字通り母親の負担を軽くしていると考えられます。

ここに述べたマーモセット類の姿なども、現代の私たちに「ヒトと似ている」と感じさせるかもしれません。しかし、工業化などの影響が低いと考えられるアフリカの狩猟採集民の調査では、父親は子どもと遊ぶといったことはあっても「育メン」と呼べるような積極的な育児参加は見られないことが知られています。

私たちヒトも、赤ん坊がおっぱいを飲んで育つ哺乳類。そして、霊長類ひいては大型類人猿とひとまとまりのヒト科をつくっているなかまです。その意味ではゴリラをはじめ、それぞれの動物種の哺乳や育児は、比較対象として私たち自身を考えるための「鏡」となってくれるでしょう。

しかしヒトはその内部に、ほかの動物よりもはるかに複雑で多様な歴史や文化のちがいをもっています。動物たちの授乳から離乳にかけての母子や父親の在り方に、いきなり「ヒト一般にあてはまる自然」といったイメージをもつと、少なからずブレが生じてしまいます。「おっぱい」によってつながっている私たち哺乳類ですが、ヒトはヒトなりの、そして現代社会なりの実状も踏まえて、育児に向き合う必要があるでしょう。

CHAPTER 3

おっぱいで育つ動物の誕生
～哺乳類の進化～

THE BIRTH OF OPPAI SUCKING ANIMALS.

浦島 匡

3-1 おっぱいは哺乳類に繁栄をもたらした

哺乳類の3つのグループ

哺乳類には、子どもの育て方が異なる3つのグループがあります。1つが、私たちヒトやサルのなかまや、イヌやネコ、ゾウやネズミなどのように、お母さんの体の中に発達した胎盤をもち、子宮の中で数か月にわたって胎仔を育て、ある程度成長した赤ちゃんを出産するグループ。それが「有胎盤類」、または「真獣類」と呼ばれるなかまで、現在の哺乳類では代表的です。

そして、お母さんが袋をもち、しばらくは袋の中で赤ちゃんを育てる「有袋類」がいます。カンガルーやコアラなど、オーストラリアにくらす多くの哺乳類や、北アメリカのオポッサムなどがこれにあたります。有袋類の赤ちゃんは、とても未熟な段階で生まれてきます。

それにもう1つ、とても数は少ないグループですが、卵を産み、卵から赤ちゃんが孵化するもの。これらは「単孔類」というなかまで、オーストラリアにくらす、くちばしのような口先のカモノハシや、針のようになった毛で体がおおわれているハリモグラなど、世界で3属5種のみが生き残っています。単孔類は原始的ななかまで、祖先的な形質をもっていると考えられています。そのおっぱいは、乳房や乳首はなく、赤ちゃんはミルクパッチという穴から出たおっぱいを舐めて育ちます。

　このように繁殖や子育てのしかたはちがっていますが、哺乳類はすべておっぱいで子どもを育てるという特徴をもっています。そして生まれてからも子どもの面倒をみるのです。

　哺乳類は、おっぱいを獲得することで子どもの生存の確率を上げた動物といってもよいでしょう。今、地球上の大型の動物を見ると哺乳類がとても栄えているのがわかります。おっぱいをもつという進化、その生存戦略が、その繁栄をもたらしたといってもいいかもしれません。

　では、哺乳類は、その進化の過程でどのようにおっぱいを獲得していったのでしょう。おっぱいを知ることで見えてくることがあるはずです。

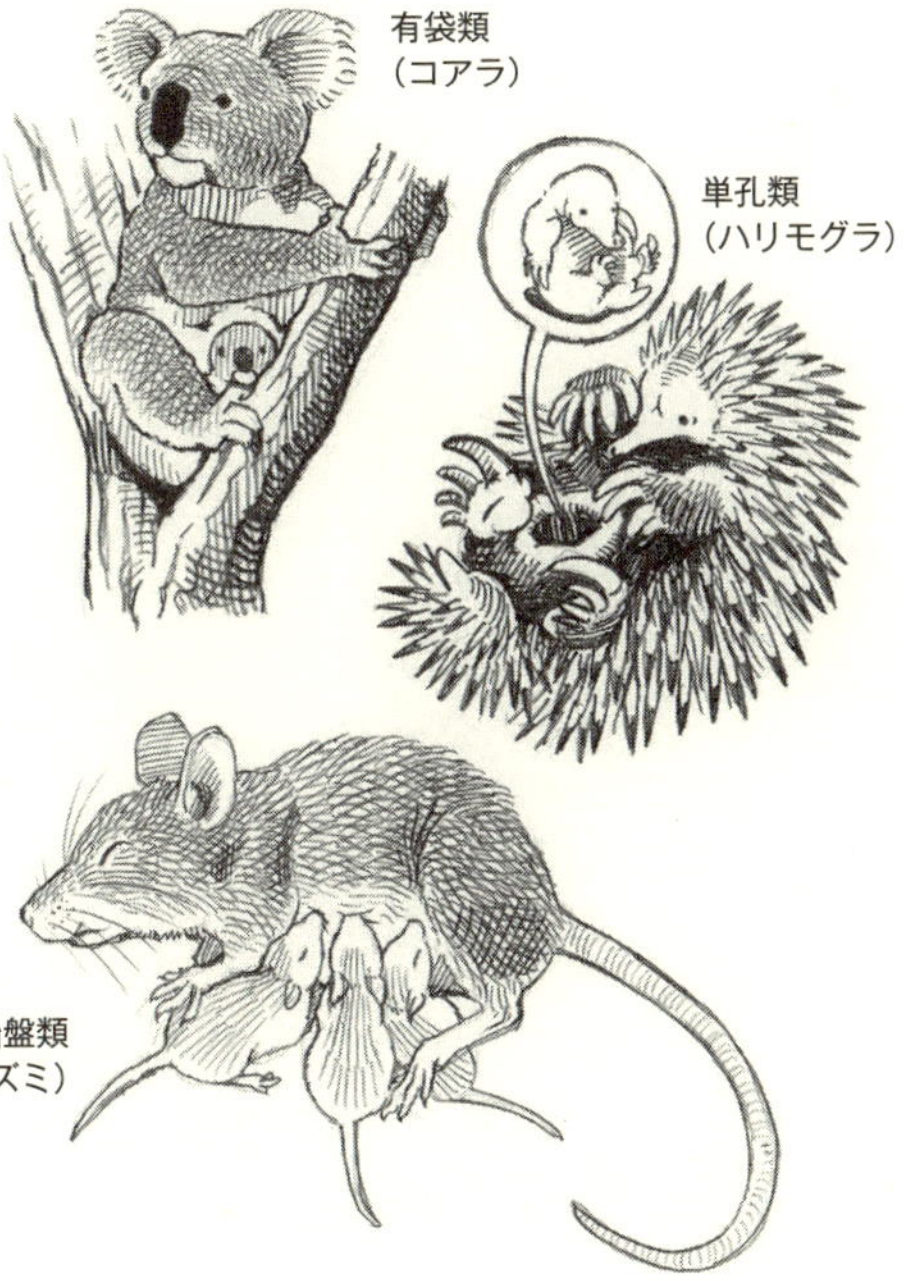

3-2 哺乳類の誕生

哺乳類進化の道

哺乳類は、進化のどの段階でおっぱいを分泌し、おっぱいで子どもを育てるようになったのでしょう? その秘密を解き明かすのには、まず哺乳類の進化を知る必要があります。

脊椎動物は、魚類から両生類が、両生類から爬虫類が進化し、鳥類は、爬虫類から進化した恐竜の中から進化したと理科の時間に習った方も多いのではないでしょうか。そして哺乳類は、爬虫類との共通の祖先から進化したと考えられています。これらの動物の体を外側からよく観察してみると、魚類にはうろこがありますが、カエルやサンショウウオなどの両生類の表面にはうろこはなく、ぬるぬるとしています。ヘビやトカゲの体表面には固いうろこがあり、鳥類の体表面にはうろこから進化したと考えられる羽毛があります。そして哺乳類の体表面には毛があって、うろこはなく皮膚はなめらかです。

　こうして外見だけ見ていると、あまりにも体のつくりがちがうので、これらの動物に進化上の関係があることに疑問が浮かぶかもしれません。しかし、大きく分けてしまうとまったく異なる姿に見えますが、まったくちがう系統の間には中間的な特徴をもつ動物も進化し、その中にはすでに絶滅してしまっているものもいます。進化は断続的に起こっているのです。

　哺乳類は背骨のある脊椎動物です。太古の昔、無脊椎動物の中から、体の中を通る神経細胞と神経細胞が入るケースである脊索をもつ動物が現れました。脊索は原始的な脊椎といってよいでしょう。

　やがて脊索が、体を支える硬い脊

〈脊椎動物の進化〉

脊椎動物は、原始的な脊索をもつものから進化し、さまざまな系統群へ分岐していった。

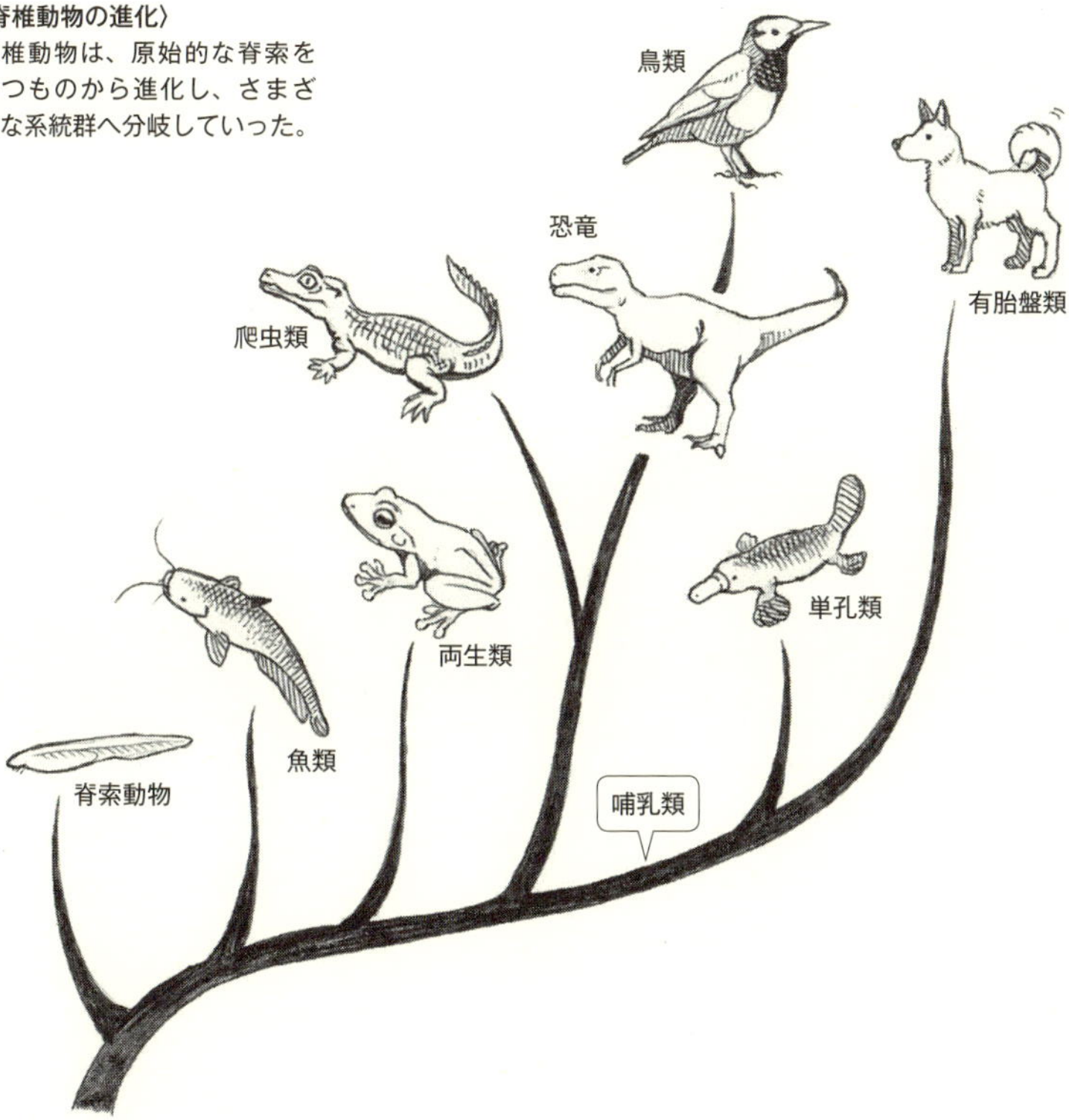

椎へと進化したものが現れます。脊椎は筋肉の土台としても優秀で、生物に高い運動能力を与えることになりました。えらや顎のある口を発達させ、ひれをもち、高い運動能力と捕食能力を得たものが魚類です。

そして今から3億8000万年前のデボン紀の終わりに、岸辺近くにすむ魚類の中から陸へと上陸するものが現れました。ひれを4つの足へと発達させた原始的な四肢動物です。両生類は、その中から進化しました。かれらは肺呼吸をすることができ、陸上での生活が可能でしたが、皮膚は湿っていて、卵は軟らかく乾燥に弱いので、水の近くにいる必要がありました。

それまで湿潤だった地球の環境が乾燥し始めると、乾燥に強く、陸上での活動に向いた硬い皮膚と羊皮のような殻の卵をもつ爬虫類や哺乳類の祖先が現れ、内陸部に進出していきます。およそ3億年前の石炭紀の終わりに、そうした四肢動物の中から「単弓類」というなかまが進化しました。以前はその一部が爬虫類型哺乳類などとも呼ばれていたなかまです。背中に大きな帆があるディメトロドンやエダフォサウルスを図鑑で見たことのある方も多いかと思います。この単弓類の中から、哺乳類は生まれました。

単弓類は、羊膜に包まれた卵をもつ「有羊膜類」から分かれたなかまです。爬虫類も有羊膜類です。つまり、哺乳類と爬虫類は共通の先祖をもっていて3億1000万年以上前に分かれ、それぞれ進化していったのです。単弓類は、放散と絶滅を繰り返しながら進化して、ペルム紀と三畳紀にかけてたいへん繁栄した動物相であったこと

【羊膜】
爬虫類、鳥類、哺乳類が発生する過程で作られる胚膜の1つ。最も胚に近い部分。

【有羊膜類】
発生の初期段階で、胚が羊膜をもつ四肢動物の総称。爬虫類、鳥類、哺乳類が含まれる。

【放散】
適応放散。ある系統の生物が、異なった環境に適応して多様に進化し、多数の系統に分化すること。

【絶滅】
生物種の個体がすべて死ぬことにより、種としての連続性が絶えること。

がわかっています。

そして恐竜が繁栄しだした三畳紀中期、約2億2500万年前には、単弓類の中から原始的な特徴をもつ哺乳形類が出現しました。この哺乳形類はまだ卵を産んでいたと考えられています。ジュラ紀になると、おっぱいを子どもに与えて育てる哺乳類が現れます。

哺乳類は、恐竜が地上を支配していた中生代においても、ある程度の生態的な地位を確保していたと考えられています。以前は大繁栄する恐竜の影で哺乳類はひっそりとくらしていたと考えられていましたが、化石の証拠から、イヌくらいの大きさの哺乳類が恐竜の子どもを食べ

〈単弓類の進化〉
哺乳類は爬虫類との共通の祖先から進化した。

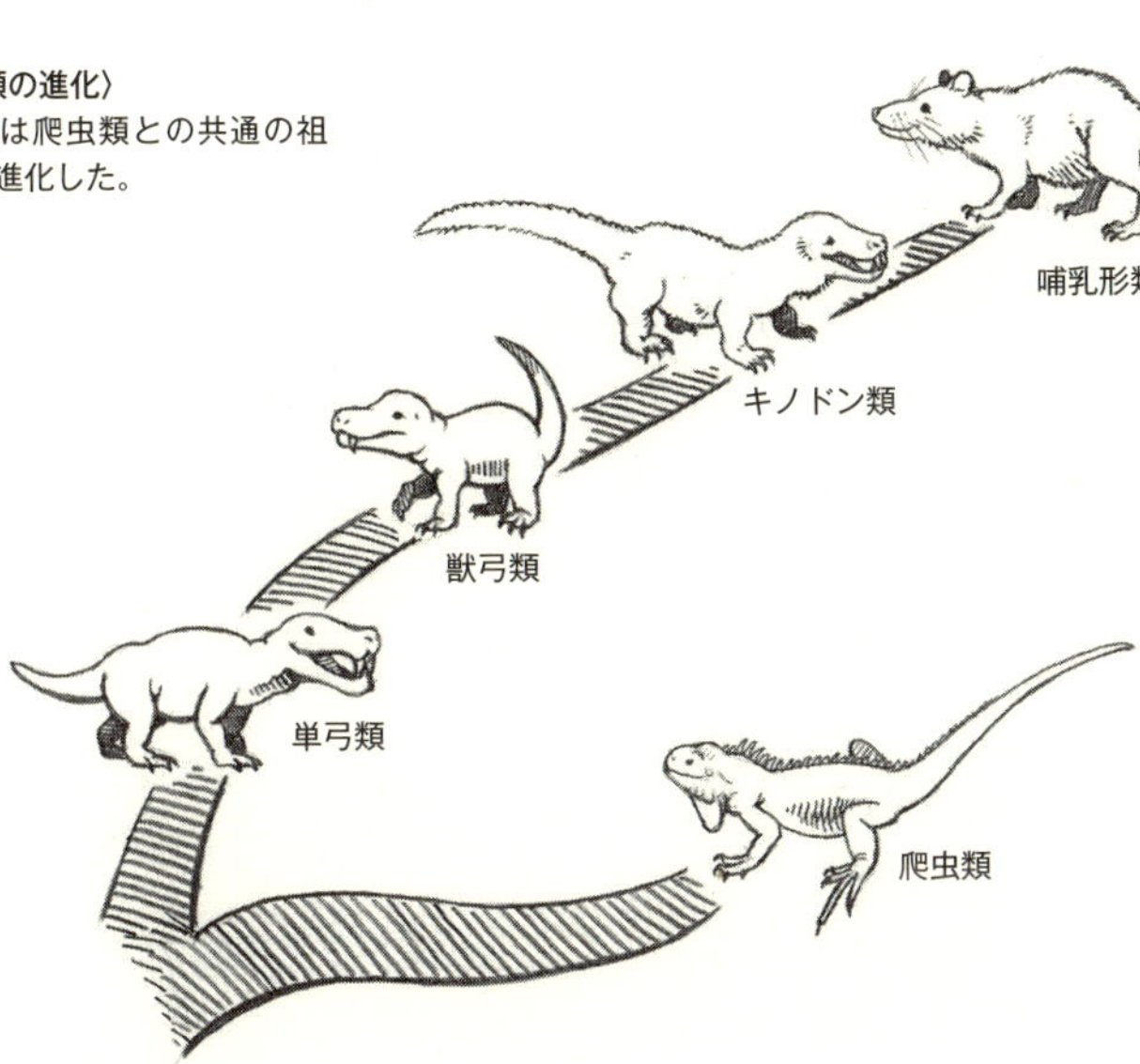

【キノドン類】
単弓綱獣弓目のグループ。名前の意味は「イヌの歯」。ペルム紀後期（2億4800万年前頃）に誕生した。広い意味では哺乳類もこのグループに含まれる。

【哺乳形類】
哺乳類と絶滅した近縁のグループを含む分類群。

ていた例も知られていますし、生態系というものは当時も今と同じように、複雑で多様だったようです。

そして白亜紀後期に恐竜が絶滅すると、哺乳類たちは地上にぽっかりと空いた生態的地位を埋めるように繁栄し、地球上に広がり、現在に至ります。

簡単ですが、これが哺乳類進化の道筋です。

哺乳類が獲得したいくつかの特徴

単弓類と初期の哺乳類を比べると次のような変化がありました。

①頭の骨の大きさ、数、つくりが、顎の筋肉の量と力を強化するように進化した。
②しっかりとした顎によって歯骨が大きくなり、筋肉を強化するように進化した。
③歯は食性の複雑化に伴って多様化、複雑化した（異歯性）。
④トカゲのような横腹這いから直立した姿勢への変化によって、脊椎、胸骨、骨盤、四肢骨のつくりが変わり、運動能力を向上させた。
⑤運動能力の発達につれ、肺や横隔膜といった呼吸器系が発達し、肋骨が胸部に限られるようになった。
⑥口腔から鼻へ、空気の流れを分けることによって、食物の摂取と呼吸を同時にす

ることを可能にした。
⑦鼻腔内の軟骨と骨のネットワークである「呼吸性鼻甲介」が発達。このことで、鼻腔が水分保持と熱交換することを可能にし、内温性を保つのに有利に働いた。
⑧上腕骨や大腿骨などの長骨におけるミネラル沈着のパターンが変化し、縞状パターンからより均一で高度に血管の多い構造になった。

このように目に見えない体の中の骨格や生理などにも大きな進化が見られます。

哺乳類の誕生

三畳紀に現れた最初の哺乳形類は、昆虫を食べていたと考えられています。現在のトガリネズミのような姿と大きさだったとされるハドロコディウム類（2～3グラム）、マウス程度のモルガヌコドン類（30～90グラム）、ラット程度のシノコドン類（～500グラム）などの体の一部の化石が発見されています。

これらの動物は、内温性で、主に夜に行動する夜行性であり、爬虫類より代謝速度が大きかったと考えられています。内温性であることは、外の気温の影響を受けずに体温を維持できる能力をもっているということになります。

ハドロコディウム類

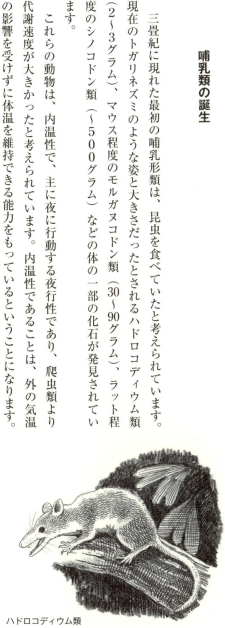

とはいっても、とても小さな哺乳類たちには体温を維持するしくみが必要です。体温を保つ役割を担ったのが、密生した毛です。

やがてそのなかから、卵を産みながらも、卵から孵った赤ちゃんをおっぱいで育てるものが現れました。今の単孔類に近い哺乳類です。約1億9000万年前に、原始的な哺乳形類からまず単孔類が分かれました。もちろん単孔類は卵を産むので、子宮には赤ちゃんを育てるスペースはなく、単純なつくりをしていました。産卵は総排泄腔から行われますが、うんちやおしっこも同じ器官で行います。これは爬虫類や鳥類がもつのと同じ器官です。

約1億6000万年前、単孔類が分かれたあと、もう一方の祖先から、殻をもつ卵を作らずに未熟な赤ちゃんを産み、袋の中で赤ちゃんを育てる有袋類が進化したと考えられています。有袋類では肛門と膣は分かれ、子宮もある程度発達して、さらに赤ちゃんを育てる袋と、その中に乳首のある乳房をもちます。

そして、お母さんのおなかの中で赤ちゃんを育て、時期が来るとお母さんが出産し、おっぱいで育てる有胎盤類もまた、有袋類との共通祖先から進化したのではないかと考えられています。

2016年現在知られている最古の有胎盤類の化石は、約1億6000万年前の、ジュラ紀後期のジュラマイアのものです。ジュラマイアは小さなトガリネズミのような姿をしていたと考えられています。この時点ですでに哺乳類は乳首のついた乳房をもち、赤ちゃんにおっぱいを与えたのです。ということは、泌乳はそれ以前に始まっ

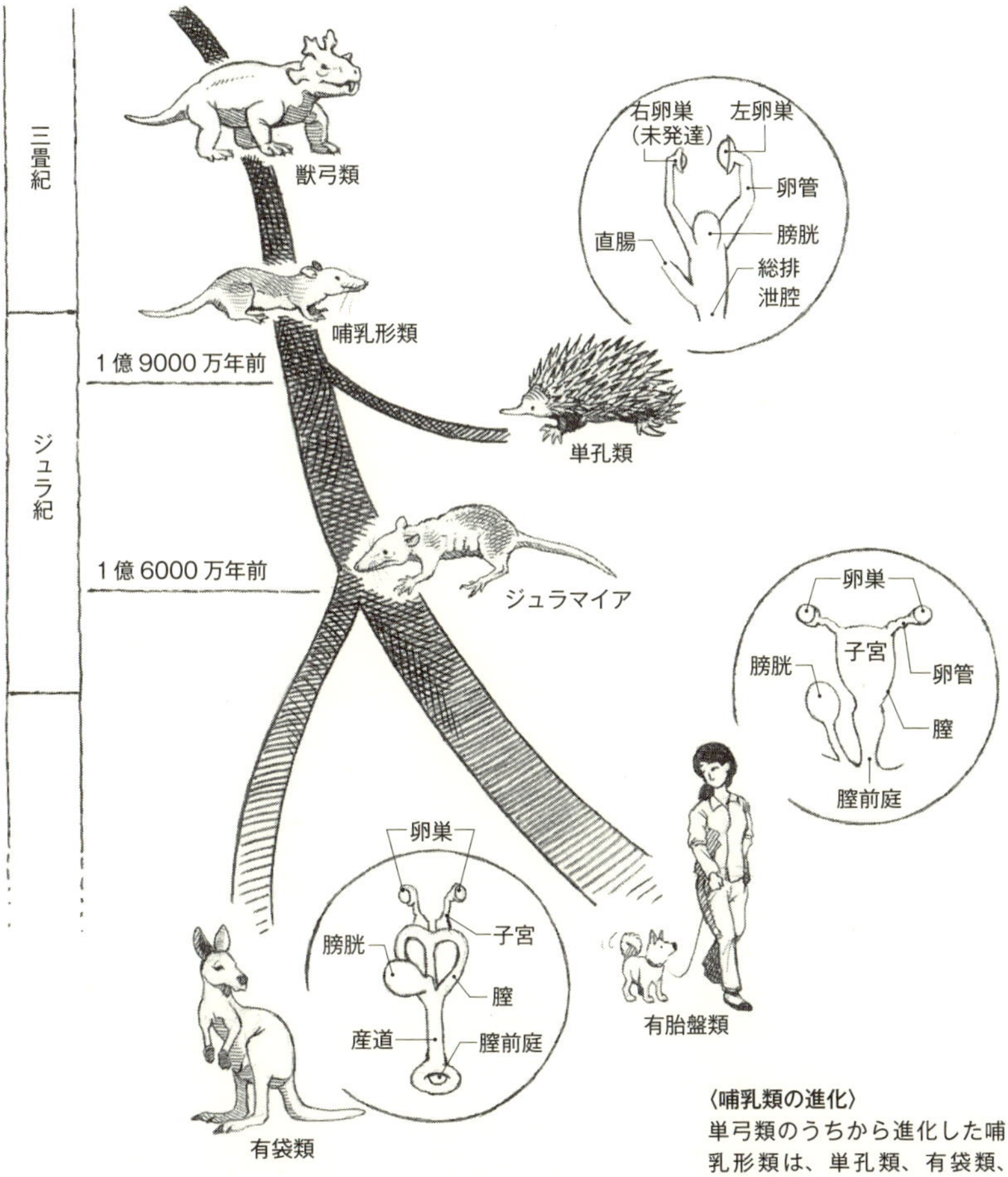

〈哺乳類の進化〉
単弓類のうちから進化した哺乳形類は、単孔類、有袋類、有胎盤類へと進化していった。

ていたことになります。

哺乳類が、今日のようなおっぱいを手に入れるまでには、いきなり乳房や乳首が現れるわけではなく、長い時間をかけ、さまざまな段階を経たはずです。皮膚や内臓などの軟らかい組織は、化石には残りにくいものです。もちろん、おっぱいも化石に残るのはかなり難しいと考えられます。とくに時代が古くなればなるほど可能性は低くなるでしょう。初期のおっぱいはどのようなものであったのか、そしてどのような進化をして現在のような形になったのか、おっぱいから、哺乳類の進化の道筋を探ってみましょう。

3-3 おっぱいの誕生

乳腺のもととなったのは？

私たち動物は体からさまざまな分泌物を出しています。おっぱいもやはり分泌物です。動物が分泌物を出す部位を「腺」といいます。おっぱいを出しているのは乳腺ですが、乳腺のはじまりは皮膚にある分泌腺のうちの一部が変化したと考えるのが妥当でしょう。

では、体中にある分泌腺のうち、皮膚にあるどのタイプの分泌腺が乳腺へと進化したのでしょうか。ある1つの分泌腺が乳腺となり、おっぱいを出すようになったのか、それとも複数の分泌腺がモザイクのように重なっておっぱいという機能に進化していったのか、いくつかの仮説が出されています。

ダニエル・ブラックバーン博士（トリニティ・カレッジ［コネティカット州］）は、乳腺は1種類の先祖腺から派生したのではなくて、さまざまなタイプの特徴を併せもったモザイク型の新しい構造であるという乳腺進化仮説を発表しました。

一方、ワシントンD．C．にあるスミソニアン動物学研究所（現在はスミソニアン環境学研究所で研究）のオラブ・オフテダル博士は、汗腺の1つである「アポクリン腺」を、おっぱいのルーツとする説を提唱しました。アポクリン腺は大量の汗を分泌する種類の汗腺で、脂質、タンパク質や複合糖質を体の表面に分泌します。ほかの分泌腺とは異なる性質をもっていますが、乳腺とは組織的に、そして機能的にも似た点が多くあります。

乳腺は、タンパク質、乳糖や多くの水に溶ける成分を、細胞膜を通して細胞外に分泌するとともに、脂肪をアポクリン腺と同じようなしくみの「アポクリン分泌」という方法で分泌しています。このことに着目したオフテダル博士は、乳腺の組織学的な特徴と、細胞内で合成された物質の分泌方法の特徴を根拠として、乳腺はアポクリン腺から進化したと提案しました。

毛穴がおっぱいの元祖？

原始的な哺乳類と考えられている単孔類や、有袋類の発達段階初期の乳腺を観察すると、毛包と複雑に関係しているのがわかります。毛包は毛が生えてくる部分、つまりは毛穴です。

【アポクリン腺】
わきの下、外陰部、肛門周辺、乳輪、外耳道など特定の部分だけに存在し、汗の分泌を行うのとは別に、細胞の一部が切れ落ちてその破片が汗の中に混じるという特有の分泌の仕方をする。

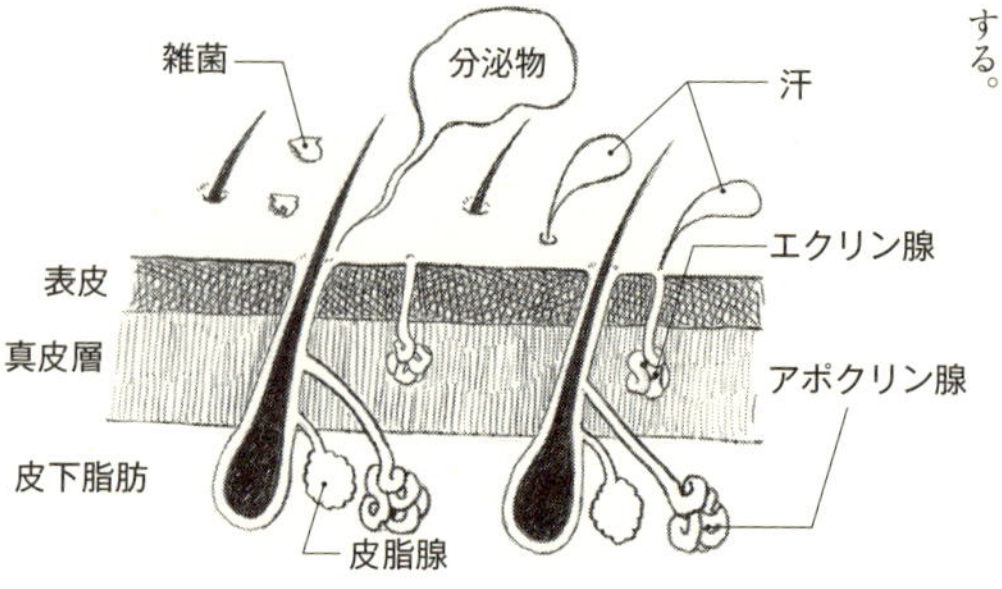

【アポクリン腺からのタンパク質】
このタンパク質は、体表上で皮膚常在細菌に分解されてにおいを発し、フェロモンとなる。

例えば有袋類のオポッサムでは、おっぱいが毛包とつながりながら発達していくさまが報告されています。生まれてすぐのオポッサムには、乳首はありません。乳腺となる部分が陥没して毛包と出会うと、発達してきた乳腺が陥没した部分に現れます。やがて乳腺が反転し、乳頭となります。その際に毛は抜けてしまい、毛包は退行して毛を生やす機能はなくなります。

原初のおっぱいが毛穴だとしたとき、おっぱいが毛だらけでは赤ちゃんにとって、あまり吸いやすくないと思うかもしれません。しかし単孔類は乳首がないので、赤ちゃんは毛に溜まったおっぱいを舐めとることができ、かえって好都合にも思えます。

哺乳類の祖先ではこのように初期のおっぱいでは、乳腺と毛包は会合していたと考えられています。アポクリン腺も、やはり毛包と会合しています。アポクリン腺と同様の汗腺

オポッサムの乳腺が発達していくようす。

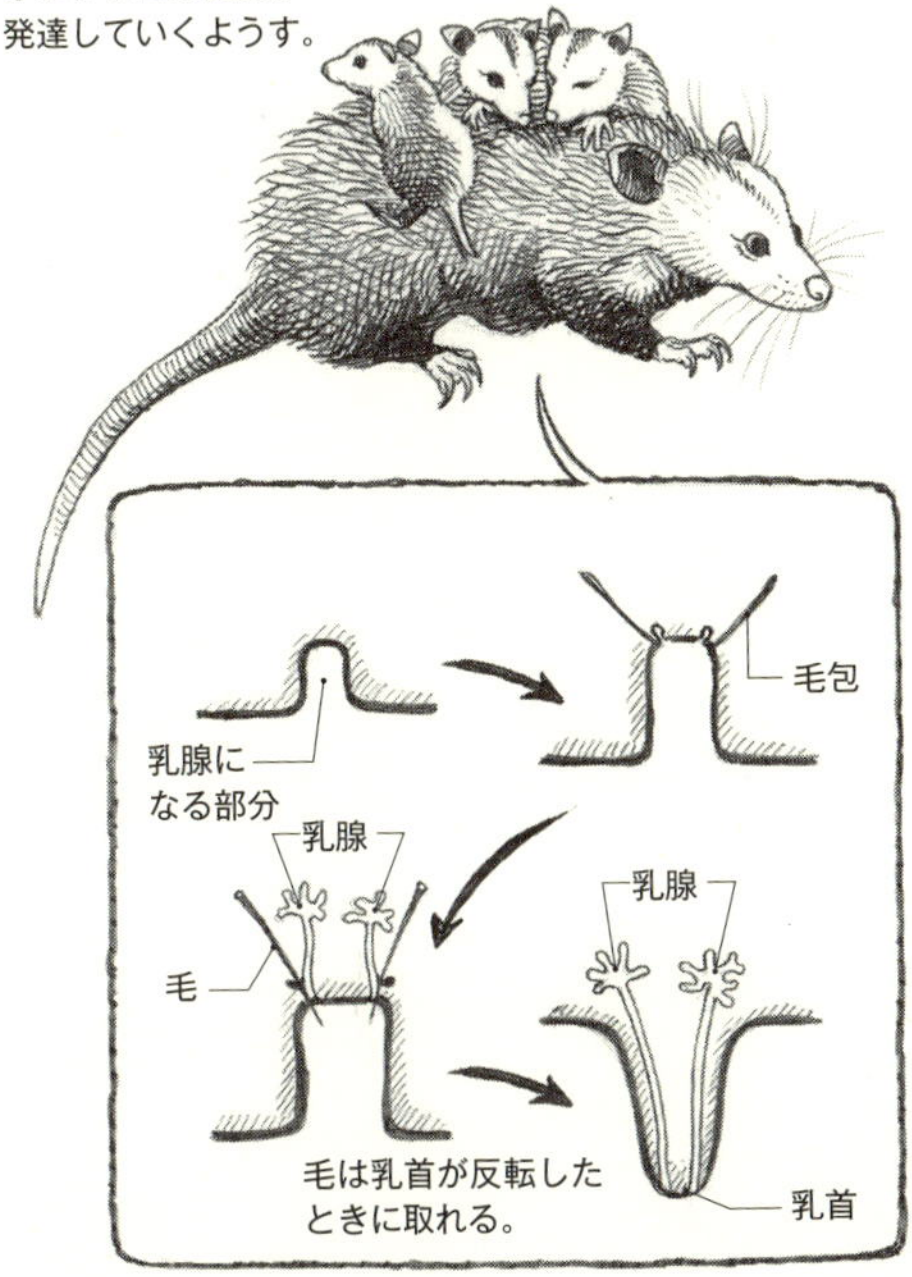

【複合糖質】生体の中では多くの糖が、タンパク質や脂質と結合しているが、それを複合糖質と呼ぶ。

の1つであるエクリン汗腺は毛包と一緒になることはなく、分泌の方法もちがっています。

乳腺は、タンパク質、乳糖や多くの水に溶ける成分をエキソサイトーシスという方法で細胞外に分泌し、脂肪をアポクリン腺同様のアポクリン分泌という方法で分泌しています。アポクリン分泌は、32ページで紹介した乳脂肪の分泌です。細胞の中で合成された脂肪の粒子は、細胞膜を通して膨れあがって突き出し、その膜を取り込んで腺腔の中に遊離します。

【エキソサイトーシス】
細胞内で合成された物質が分泌顆粒内に一度取りこまれ、細胞の中を移動して細胞膜へと接近する。細胞膜と分泌顆粒が触れあうと、分泌顆粒を包む膜と、細胞膜が融合して、顆粒の内容物だけが細胞外へと出される。

　哺乳類の目の近くにあるハーダー腺というアポクリン腺の1つでも、タンパク質などとともに、乳脂肪と同様のアポクリン分泌によって脂肪を分泌しています。乳腺のできかたと分泌方法、この両面から考えてもアポクリン腺がおっぱいのルーツだという可能性は高いといえるでしょう。

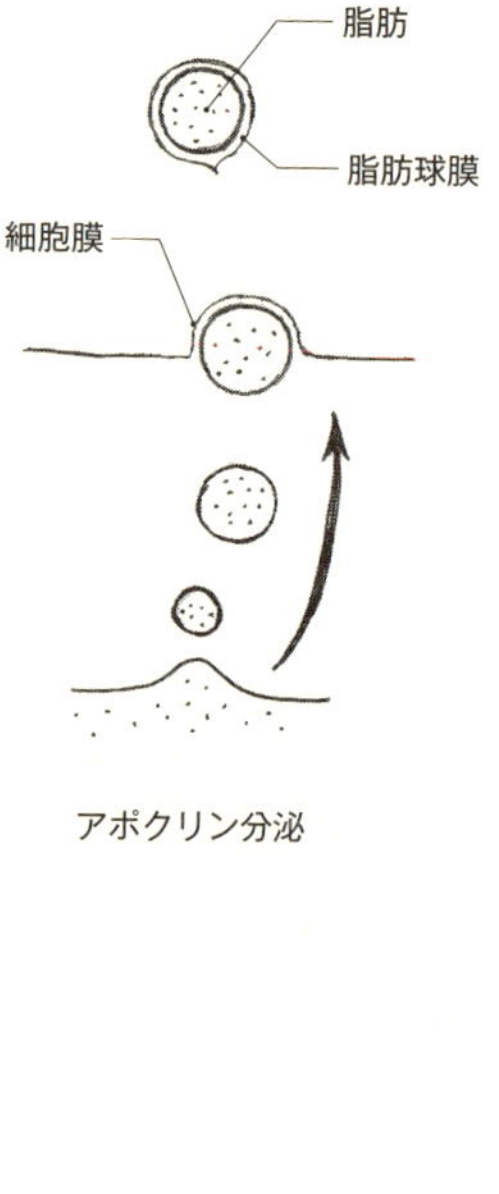

アポクリン分泌

エキソサイトーシス

3-4 原初、おっぱいは皮膚を通して卵に送られた？

皮膚を通して物質を連絡

成長に必要な栄養が入った卵から生まれ、卵から出たら食物を自力で摂る爬虫類のような動物と、未熟な状態の赤ちゃんで生まれ、おっぱいを飲んで育つ哺乳類のような動物。この2つの子育てスタイルは、あまりにもかけ離れています。この間にはどのような進化があったのでしょうか。それには爬虫類より進化の軸をさかのぼり、両生類に着目しなければなりません。

現在見られる両生類のイモリ、カエル、サンショウウオの一部には、陸上に巣を作り、親が卵を抱く

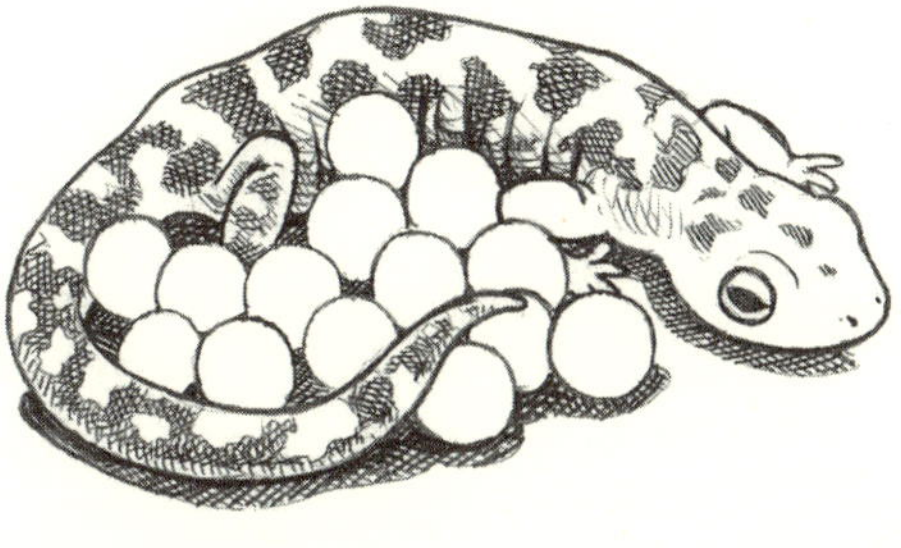

グリーンサラマンダー

ものがいます。抱卵することで、卵を外敵から守れるという利点のほかに、親の皮膚と接触していると、卵が水分を保つのに役立ちます。さらに皮膚表面と卵の間で、水分を介して何らかのやりとりをすることが可能となります。

ある種のイモリにおいて、孵化したばかりの幼体が、皮膚腺のよく発達している親の皮膚、あるいは皮膚腺分泌物を食べていることが観察されています。このことから、皮膚の腺からは栄養が分泌され、水分を介して卵へ補給されていて、幼体が孵化したあとも同様に栄養として与えられているのではないかと想像できます。

ペルム紀の単弓類は、祖先の有羊膜類から受け継いだ腺をもつ皮膚をもっていたと考えられます。そして単弓類は比較的軟らかくて薄く、乾燥の影響を受けやすい羊皮状の殻の卵を産んでいたようです。彼らは卵に対して、自らの皮膚から水分や何らかの分泌物を提供していたのではないでしょうか。

オフテダル博士は「おっぱいの先祖となる腺」は、液体成分と脂質、両方を分泌する能力をもっていて、それらの分泌物を、卵殻を通して赤ちゃんとなる胚に提供していたと考えました。そして、その腺がおっぱいになったという仮説を提案しました。ペルム紀から三畳紀にかけて、地球は乾燥が進んでいて、そのような環境要因もきっかけとなったのかもしれません。

現在の哺乳類で、もっとも祖先的と考えられている単孔類には乳首がありません。ただし、母親のおなかに「乳嚢」という、おっぱいが分泌される場所が2か所あります。それぞれの乳嚢には100くらいの小さな孔が開いたミルクパッチと呼ばれる部分があり、おっぱいはそこから分泌されます。赤ちゃんはミルクパッチから分泌される乳を舐めとるようにして受け取ります。

原初、哺乳類の祖先が子どもへ授乳するときは、やはりこのようにしていたのではないでしょうか。また、このような授乳方法だと、乳腺の周りに毛が生えていた方が、毛の間に乳が留まりやすいので、子どもにとっては受け取りやすいでしょう。

反対に乳首のある動物にとっては、授乳に毛はじゃまです。先述の有袋類の一種オポッサムは、新生仔の段階で乳腺のところに生えていた毛が、乳首の発達とともに抜けます。

こうしたしくみを見ていくと、母親の体を舐めるようにして原始のおっぱいを飲む、私たちの祖先の姿を重ねて想像してしまいます。

毛のもう1つの役割

卵の表面を介して親と子がなんらかの物質をやりとりするには、親の表面から分泌された分泌物が、親の皮膚

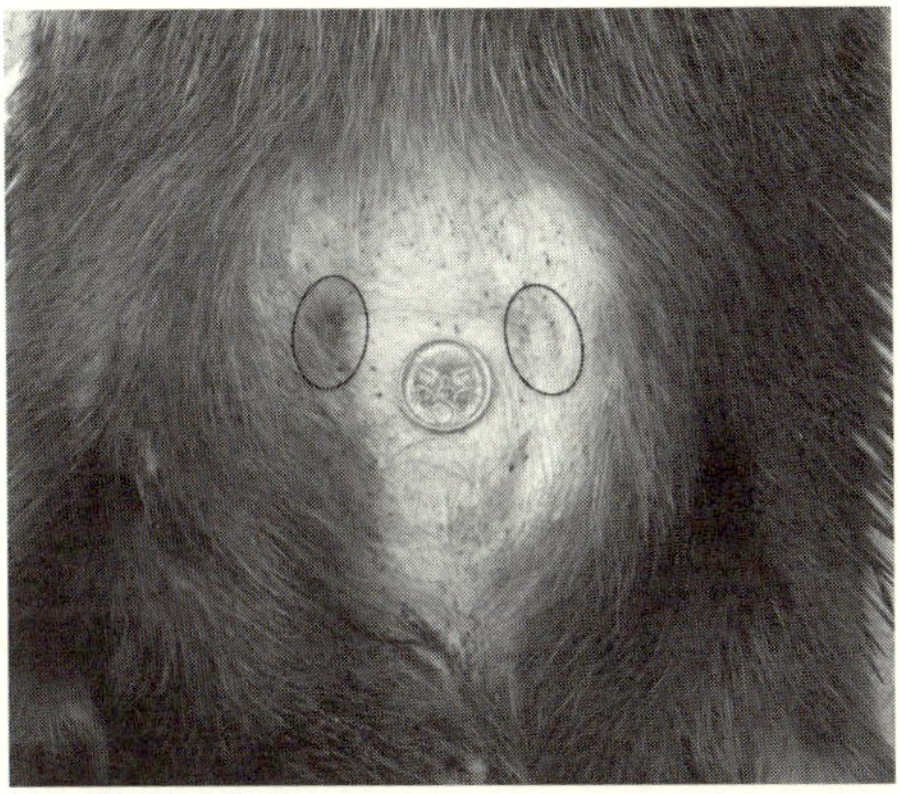

ハリモグラの乳嚢（周辺の毛は剃ってある）。○で囲った部分にそれぞれ100個くらいのミルクパッチがある。中心は比較用のオーストラリア5セントコイン（写真：Stewart Nicol）。

でも、そして卵の表面でも、流されて失われないようにする必要があります。毛は、刷毛で塗るように、分泌物を無駄なく卵の表面につけることができたのではないでしょうか。

オフテダルはさらなる大胆な仮説を立てています。毛の発生さえも乳腺の発達とともにあったというものです。

毛のない先祖が、腺から分泌物を出すようになり、それに伴って、分泌物が卵の表面にうまく広がるように毛包が進化していった――そののちに、毛は体温調節や体を守るといった役割をも担うようになり、哺乳類は全身に毛を生やすようになったというのです。そうだとすると、初期の毛包はおなかや胸の、腺分泌が行われる部分に発達し、次第に全体に広がっていったことになります。

乳腺の元となった腺は形状、機能ともに複雑になっていき、乳脂肪やタンパク質などの栄養物を効率的に供給できるしくみをもつ乳腺になったと考えています。抱卵による水分の保持と、卵への栄養性分泌物の補給、先祖腺と毛包との結合、毛の広がり、そして乳腺の進化がそれぞれつながっているとする大胆な仮説ですが、夢があっておもしろい仮説だと思っています。

また卵には、じつは見えない小さな大きさの孔（卵殻孔）が空いていて、中で育っている胚が呼吸するための酸素を取り入れたり、中で発生したガスを排出したりする役割があります。この卵殻孔が、表面に広がった分泌物の脂質によってふさがれてしまってはたいへんです。でも、アポクリン分泌による膜に覆われた脂肪は水になじみやすいので、卵殻孔をふさぐことなく、親から卵に分泌物を渡すことができるのです。このこともまた、オフテダル博士の仮説をおもしろいものにしています。

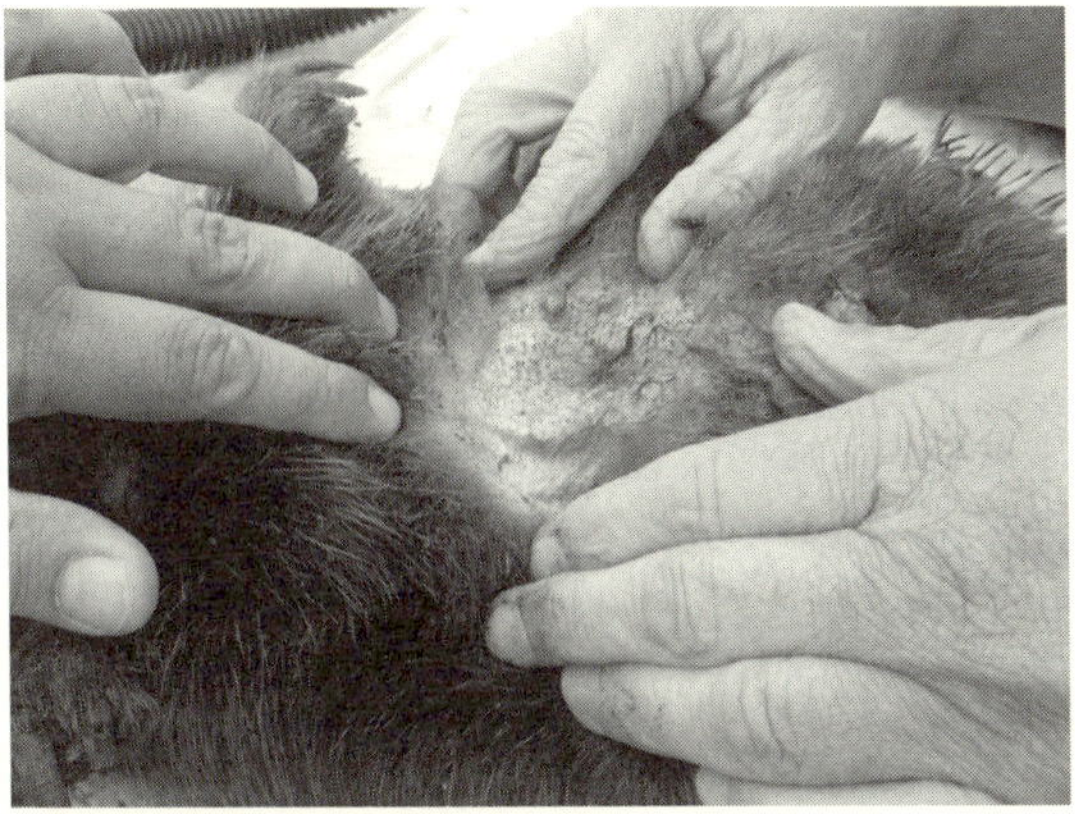

ハリモグラのおっぱいの周りには毛がある（写真：筆者）。

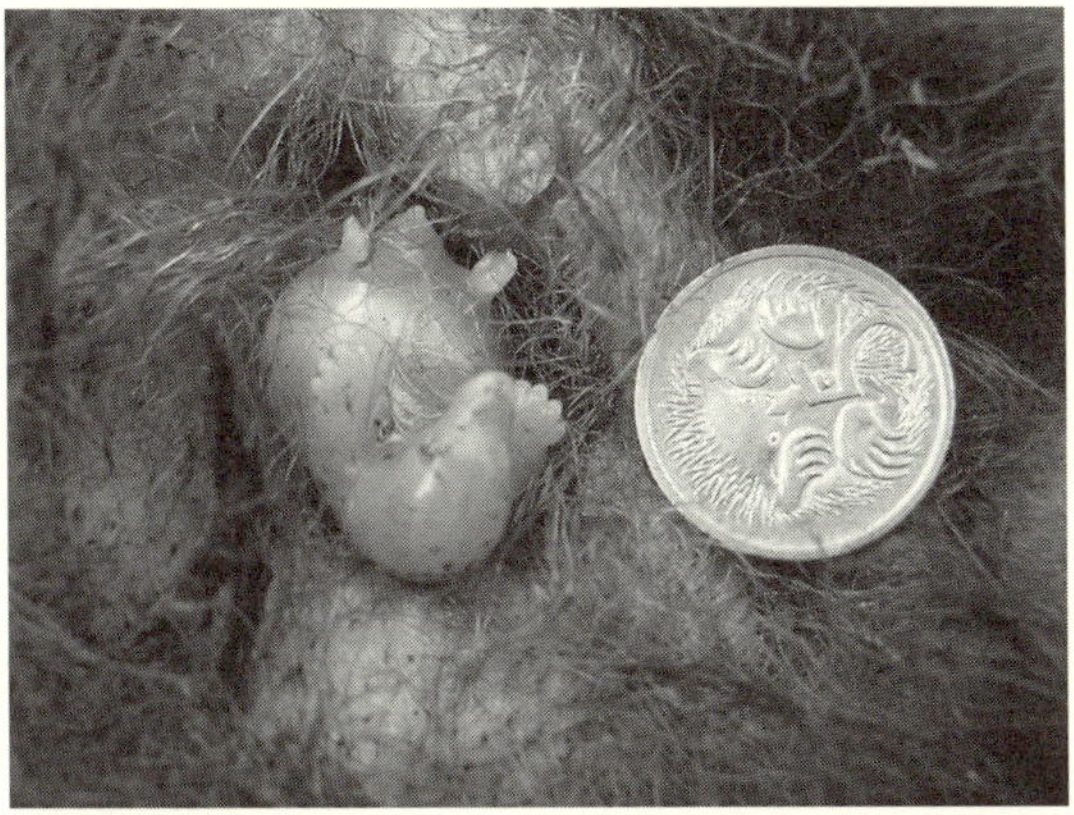

ハリモグラの赤ちゃんとオーストラリアの５セントコイン（写真：Stewart Nicol）。

3-5 骨に見るおっぱいの進化

単弓類と有袋類だけがもつ上恥骨

おっぱいの分泌が始まったことで、骨格にも、ある特徴が表れました。股間の骨「上恥骨」の存在です。上恥骨は現存の哺乳類では単孔類と有袋類のみに見られ、オスよりもメスに特徴的な存在です。それは有胎盤類では失われ、陰茎骨や陰核骨として残ったとも考えられています。

対になっている上恥骨は、恥骨と関節でつながっていて、その一部がおなかの前側に向いています。上恥骨はある程度動かすことができ、袋の中で子どもを支えたり、乳頭に吸いついた赤ちゃんを支えたりすることができます。上恥骨は、中生代の哺乳形類である多丘歯類や、単弓類のトリチコドン類にもありました。こうした哺乳類の祖先たちも上恥骨を使い、卵や赤ちゃんを袋の中で抱えて移動したか、乳頭につかまらせたのではないかと想像されます。

【上恥骨】
前恥骨または袋骨ともいう。

【トリチコドン類】
キノドン類より進化した。

乳頭についた赤ちゃんを支える機能は、有胎盤類と有袋類の共通の祖先でも発達していたと考えられますが、有胎盤類は胎盤が進化し、上恥骨で赤ちゃんや卵を支える必要がなくなったので、その機能は失われたのでしょう。上恥骨は原始的な哺乳形類から哺乳類へと進化したきっかけを知る、１つの大きなヒントと考えられています。

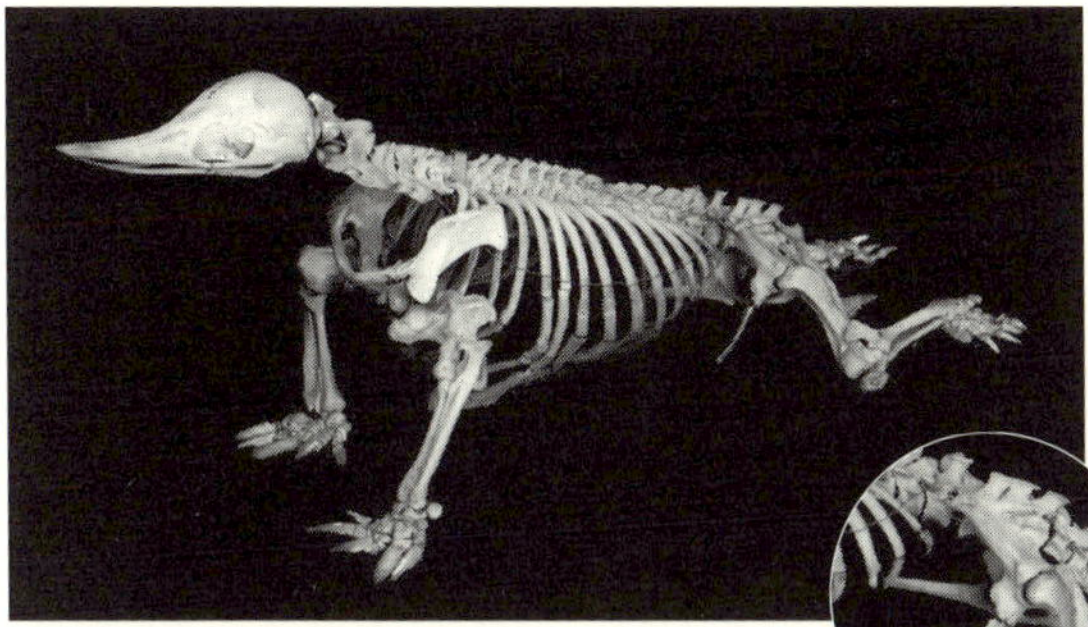
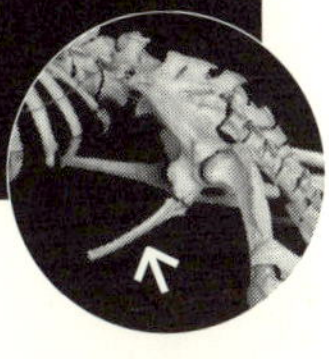

〈ハリモグラの全身骨格と上恥骨〉
単孔類は烏口骨など、爬虫類や鳥類にあって、有胎盤類や有袋類にはない骨ももつ（写真：川嶋隆義　国立科学博物館）。

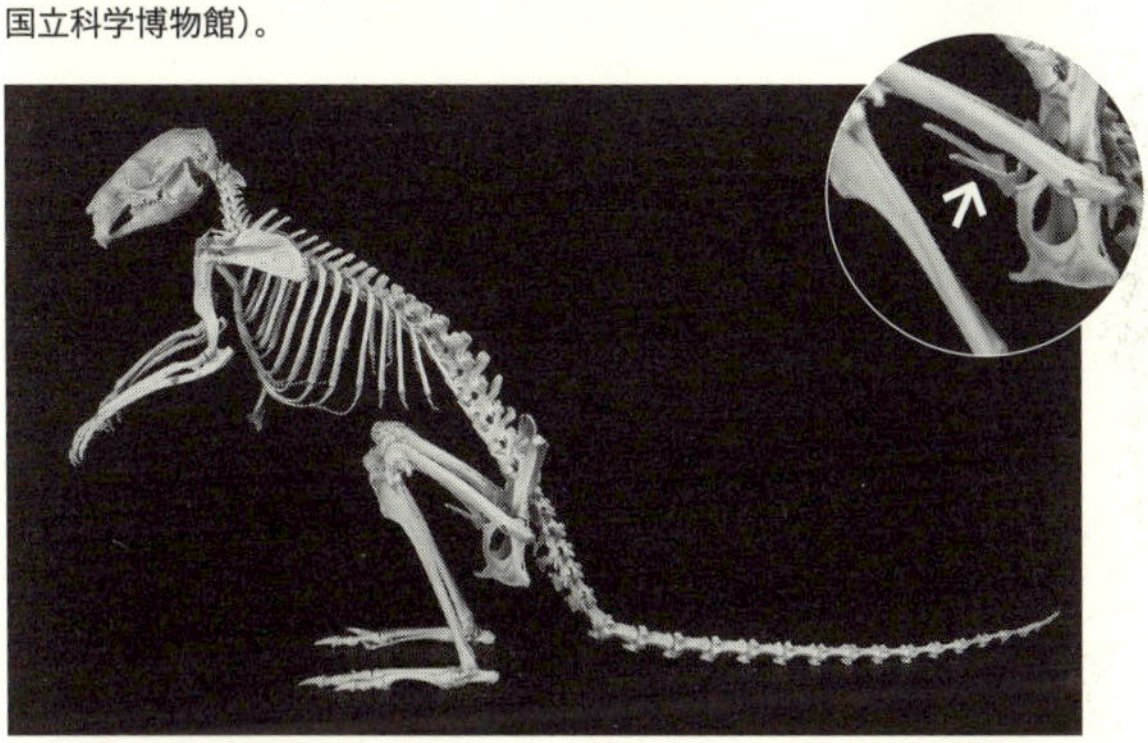

〈ワラビーの全身骨格と上恥骨〉
有袋類の上恥骨には、子どもを支える働きがある（写真：川嶋隆義　ミュージアムパーク茨城県自然博物館）

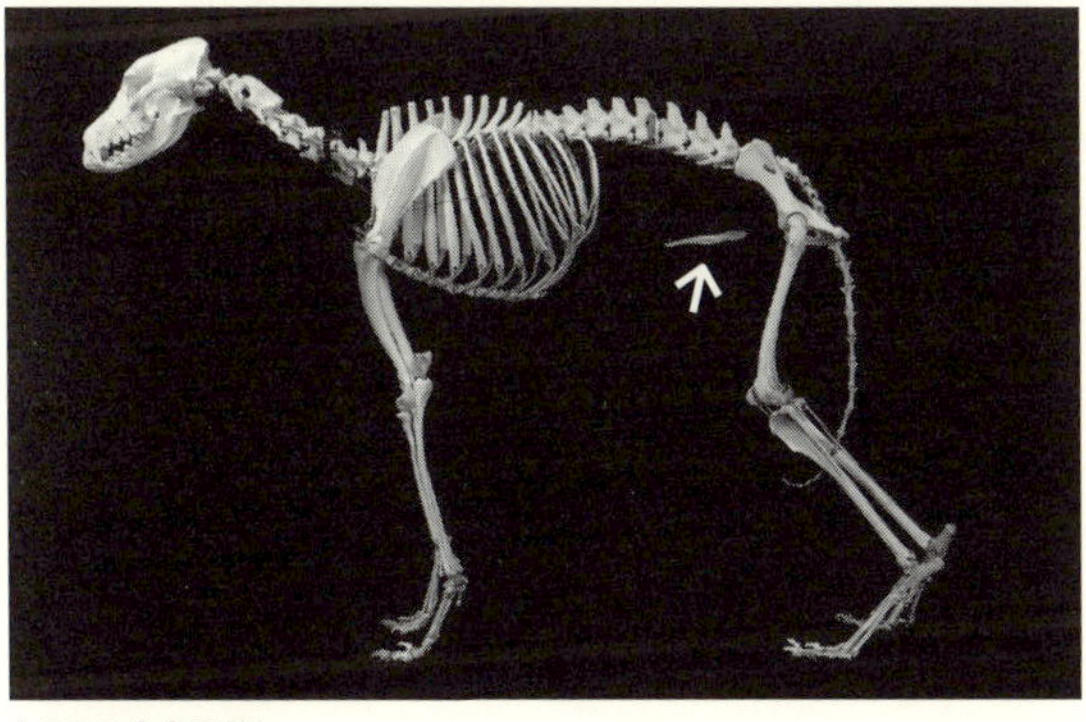

〈イヌの全身骨格〉
上恥骨はなく、陰茎骨がある（写真：川嶋隆義　国立科学博物館）。

おっぱいがあって乳歯がある

進化した哺乳類の骨格に見られる大きな特徴に、歯があります。哺乳類の歯は、門歯（前歯）、犬歯、前臼歯、臼歯（奥歯）と形がちがう歯をもつ「異歯性」です。さまざまな形の歯が生えているので、噛み切る、突き立てる、噛み砕く、擂り潰すといった異なった使い方ができます。歯が複雑に働くことで消化を助け、さまざまな食べものを食べられるようになりました。

そして、臼歯を除いた歯が乳歯から永久歯に生え替わる「二歯性」も大きな特徴です。哺乳類はおっぱいを飲んで育ちながら、はじめに乳歯が生え、やがて永久歯に変わります。人間では乳歯は生後6～8か月くらいに生えてきて、3歳くらいに生えそろいます。乳歯は全部で20本です。6歳くらいから永久歯に生え替わり、28本の大人の歯となります。これはもう生え替わりません。

爬虫類は食べものを丸呑みして咀嚼はしません。歯はすべて似たような形をした「同歯性」で、次々と際限なく新しい歯が生えてくる「多生歯性」です。生まれたときには、しっかりと役立つ歯をもっていて、子どもは生まれてすぐに自立して食物を食べることができます。哺乳類は、新生児の状態では歯は歯茎の中に準備されてはいますが、生えそろっていません。

【二歯性】
二生歯性ともいう。生え替わらない歯は一生歯性という。それぞれの歯がどちらによるかは、動物の種と歯の種類によって決まっている。

【哺乳類の歯】
初期の哺乳形類において、歯は連続して並んだ歯列と、上顎と下顎の歯どうしがうまく噛み合うようになった。後に出現した哺乳類では臼歯が高度に特殊化し、上顎と下顎の歯はより複雑な形に進化し、しっかりと噛み合わさるように進化した。

哺乳類の歯に、こうした特徴が見られるのには、泌乳の開始とかかわりがあるのではないかとする仮説があります。

哺乳類はおっぱいを獲得したことで、子どもをおっぱいという高栄養食品で育てることができるようになり、生まれてから大人になるまでの期間が短くなります。哺乳類の赤ちゃんは小さいので、大人と同じ数の歯があっても、顎に収まりません。そこで、生まれてから急速に成長して永久歯に生え替わり、歯の数を増やす二歯性を獲得したというものです。

二歯性が急速な顎の成長に対応する進化だとすると、母乳での子育てが前提となります。つまり、二歯性の獲得は泌乳の開始と同時に進化したと考えられるというのです。

哺乳類の進化は、まだ多くの謎を含んでいますが、こうした多方面の研究がその謎を解明していくにちがいありません。

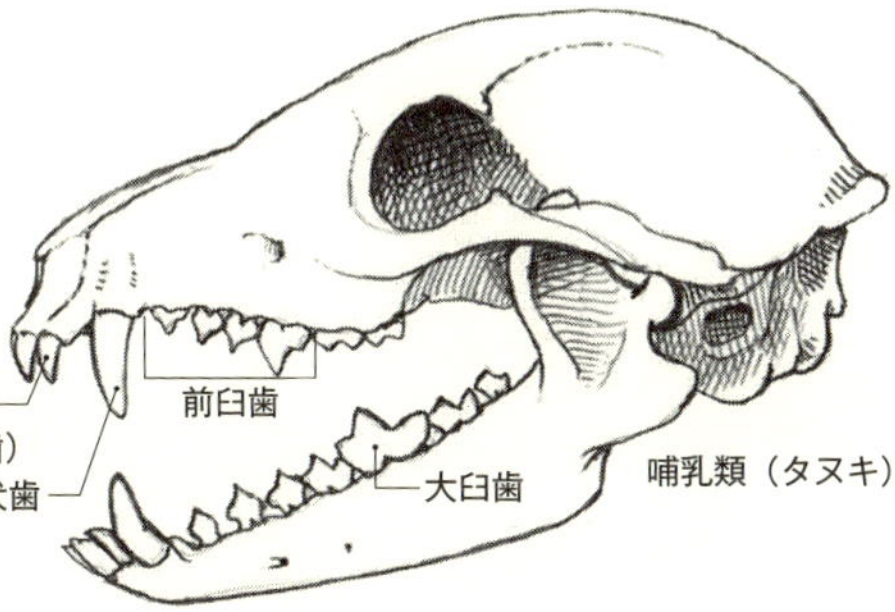

哺乳類（タヌキ）

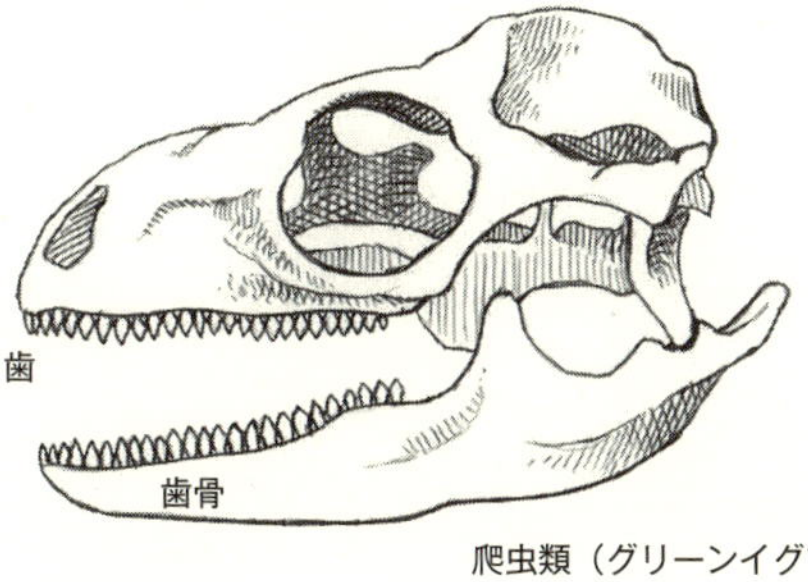

爬虫類（グリーンイグアナ）

3-6 おっぱいタンパク質の獲得

おっぱい＝乳汁の成分

現在哺乳類は、お母さんが赤ちゃんにおっぱいを与えて育てるという繁殖戦略をとった動物として繁栄しています。その進化の礎となっているのが単孔類、有袋類、有胎盤類（真獣類）の3つのグループの存在です。

おっぱいの中には赤ちゃんの体の発達にとても大切な栄養成分と、赤ちゃんの体を病原性細菌やウイルスによる攻撃から守る感染防御成分とが含まれています。母親の分泌したそのような成分をもらうことによって、赤ちゃんの生存率が高まったことは間違いありません。しかし、哺乳類の祖先たちが最初から今日のような成分のおっぱいを分泌していたわけではなく、子どもが生き延びるための感染防御物質や、栄養豊富なタンパク質や乳糖、脂質などは、おっぱいが進化するに従って身につけてきたと考えられます。

一方で、哺乳類の母親にとっては、食物から得た貴重な栄養成分の一部を子どもに与えるわけですから、自らの体にとって負担が大きいこともまた事実です。赤ちゃんの生存と自らの生存の両者をバランスよく保持していくことも、哺乳類は進化の中で模索したのでしょう。おっぱいの中に含まれる成分には、哺乳類の出産、育児の戦略にとって重要な要素も含まれています。

オフテダル博士の仮説に従えば、母親から卵へ渡される分泌物がおっぱいのルーツとなりますが、ここからは、おっぱいが、いかなる進化の道筋により、現在のような成分を含んだおっぱいになったのか、タンパク質や脂肪、糖などの成分の進化を最新の研究を概観しつつ、さまざまな面から推察してみましょう。「おっぱい＝乳汁」の進化です。

カゼイン

おっぱいに含まれるタンパク質には、おっぱいの中だけにしか発見されない固有のものと、哺乳類の血液などの体液にも含まれているもの、鳥類など哺乳類以外にも発見されるものがあります。

カゼイン、α‐ラクトアルブミン、β‐ラクトグロブリンはおっぱいに固有のタンパク質です。免疫グロブリン、血清アルブミン、トランスフェリンは血液にも含まれていて、血液や形質細胞から泌乳期の乳腺細胞の中に取り込まれて、おっぱい成分として分泌されます。ラクトフェリンは、鳥類の卵などからも、性質のよく似たタンパク質が発見されています。

まず注目したいのは、おっぱいに固有、つまり哺乳類特有のタンパク質です。おっぱいのタンパク質の中で最も量が多いのは、おっぱいを白く見せているカゼインです。カゼインは、ＳＣＰＰ（分泌型カルシウム結合性リンタンパク質）と呼ばれるタンパク質のグループです。ＳＣＰＰは、無機質を沈着させたり、組織の中でカルシウムの状態を調節したりするような働きをもっています。

ＳＣＰＰのグループにはそのほかに、歯のエナメルタンパク質を作るエナメル芽細胞や歯の新生や再生にかかわる造歯細胞、骨を形作る骨芽細胞から分泌される細胞外マトリックスに含まれるタンパク質、またカルシウムと結びついて運搬する働きをもつ唾液タンパク質などがあります。またカゼインにも、骨格の発達に必要なカルシウムとリン酸を吸収しやすくする働きがあります。

牛乳の中には、骨や歯を作るリン酸カルシウムが大量に入っています。しかし、水に溶けにくい性質をもつので、そのままでは沈殿してしまい、小腸で吸収できません。1章で述べましたが、おっぱいの中のカゼインはαs-カゼインやβ-カゼイン、κ-カゼインといった異なるタンパク質が集まって「カゼインミセル（会合体）」を作っています。カゼインミセルは、リン酸カルシウムをミセルに取り込み、小腸でリン酸とカルシウムを分けます。するとカルシウムが水に溶ける状態になり、小腸で吸収さ

【ＳＣＰＰ】
組織の中で無機質を沈着させたり、カルシウムの状態を調節したりする働きをもつ「分泌型カルシウム結合性リンタンパク質」の総称。ＳＣＰＰタンパク質を作る遺伝子には、歯芽やエナメル芽に関連するタンパク質を作る遺伝子「ＯＤＡＭ」や、免疫細胞の一種である樹状細胞が分泌するペプチドを作る遺伝子「ＦＤＣＳＰ」、そして体液に分泌されカルシウムを結合する能力をもったグルタミンを豊富に含むリンタンパク質を作る遺伝子「ＳＣＰＰＰＱＩ」が含まれている。

【（カゼインの）グループ】
αs-0、αs-1カゼイングループと、αs-2、αs-3、αs-4、αs-6カゼイングループの2つがある。

【細胞外マトリックス】
細胞の外に存在する構造体。

れやすくなるのです。

歯の表面は、リン酸カルシウムによってできたエナメル質に覆われています。じつはカゼインに近い先祖遺伝子が歯の周辺から見つかっていて、もともとは、この先祖遺伝子は歯にカルシウムを運ぶ役割があったのではないでしょうか。こうしたことから、おっぱいに含まれるカゼインは、歯や骨の形成に必要なカルシウムを、赤ちゃんに効率よく与えることが主な役割であると考えられるのです。

さらに、カゼインのもととなったタンパク質も、カルシウムを水に溶けやすくして運搬するしくみに関係していたと考えられます。単孔類のおっぱいの研究を行っている川崎和彦博士（ペンシルバニア州立大学）らは、現在の哺乳類の祖先において、先祖SCPPタンパク質は、羊皮状の卵の表面にカルシウムを運搬するような役割をもっていたのではないかと考えています。

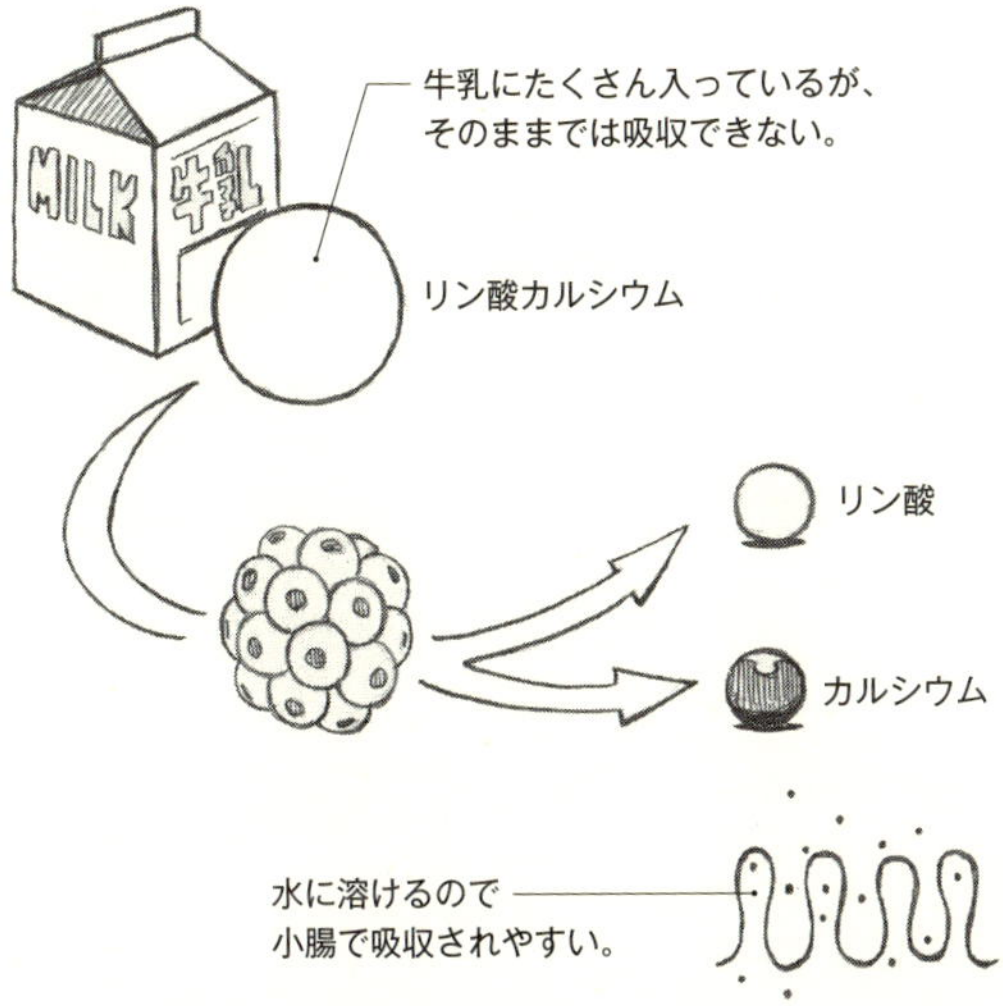
牛乳にたくさん入っているが、
そのままでは吸収できない。
MILK
牛乳
リン酸カルシウム
リン酸
カルシウム
水に溶けるので
小腸で吸収されやすい。

先祖SCPPタンパク質は私たちの祖先の卵にカルシウムを供給する役割から、さまざまな遺伝子の変異によって、現在のような多様なカゼイン成分へと進化し、異なるカゼインはやがて会合して複雑なミセルを形成するようになり、赤ちゃんの栄養源へと、その役割を進化させていったのではないでしょうか。

ここで紹介したのはカゼインの進化についての大胆な仮説です。今後、先祖SCPPタンパク質がいつ頃、αs-カゼイン、β-カゼイン、κ-カゼインへと進化したのか明らかにすることができれば、哺乳類の定義であるおっぱい分泌がいつ始まったのか、その大きな謎に切り込むことができるでしょう。

β-ラクトグロブリン

牛乳の中でカゼインについで2番目に量の多いタンパク質はβ-ラクトグロブリンですが、これはヒトのおっぱいには含まれていません。このタンパク質は、単孔類のカモノハシ、有袋類のブラッシュテイルポッサム、ワラビー、カンガルー、そして少なくとも35種類の有胎盤類のおっぱいから発見されているので、現存の3つの系統の哺乳類が分化するより前の、共通祖先たちが分泌していたおっぱいの前段階のような分泌物には存在していたことが推察されます。

ヒトなどのおっぱいに含まれていないのは、進化の自然淘汰説に従えば、赤ちゃん

【自然淘汰説】
生物はさまざまな変異を起こすが、環境に適応したものが残り、環境に適応していないものが淘汰される。その末に生物の進化があるとする説。チャールズ・ダーウィンとアルフレッド・ウォレスが提唱した。

にとって必要ではないので、偽遺伝子になったのでしょう。β-ラクトグロブリンの主な役割は、アミノ酸、とくに硫黄を含むアミノ酸システインを赤ちゃんに与えることですが、α-ラクトアルブミンのような、ほかのホエータンパク質がおっぱいに豊富に含まれる哺乳類には必要ではなくなったのかもしれません。

β-ラクトグロブリン自身の栄養以外の働きは、赤ちゃんへビタミンA、ビタミンD、脂肪酸や、脂肪によく溶ける化合物を運搬することであると考えられています。β-ラクトグロブリンはリポカリンといわれるタンパク質ファミリーに含まれます。リポカリンには「バレル型脂溶性ポケット」という部分があり、その中に水に溶けにくく油に溶けやすい化合物を取りこみます。リポカリンファミリーが運び屋となって、水に溶けにくい化合物も体内に運ぶというしくみです。脊椎動物のリポカリンは12種類が知られていますが、すべて哺乳類から発見されています。

エジンバラ大学のコントピディス氏らは、β-ラクトグロブリンはリポカリンファミリーの中で、近いグループのグリコデリンが先祖タンパク質であるという仮説を立てました。グリコデリンはヒトの羊膜、卵胞、子宮、精液などに分泌され、精子や胚などを母体の免疫による攻撃から守る役割があります。しかしオフテダル博士は、グリコデリンはレチノール、脂肪酸などと結合することができない性質から、この説には疑問を呈しています。

【偽遺伝子】
かつては発現していたと思われるが、発現しなくなり、機能を失っている遺伝子。

α - ラクトアルブミン

牛乳タンパク質の中でカゼイン、β - ラクトグロブリンについで量の多いα - ラクトアルブミンは、赤ちゃんの成長に必要なアミノ酸を渡すという役割をもちながら、一方でおっぱいの主な炭水化物である乳糖（ラクトース）を作る鍵ともなるというマルチな働きをもったタンパク質です。

乳糖は、赤ちゃんの栄養源となるほか、カルシウムや鉄分の吸収を助けます。また乳糖ができると、乳腺細胞の中の浸透圧が高まることになり、細胞の中で作られたほかの成分が細胞の外側に分泌されやすくなるといった働きもあります。

おっぱいの成分は、赤ちゃんを出産した母親の乳腺細胞の中で作られるも

〈ラクトースシンターゼの働き〉

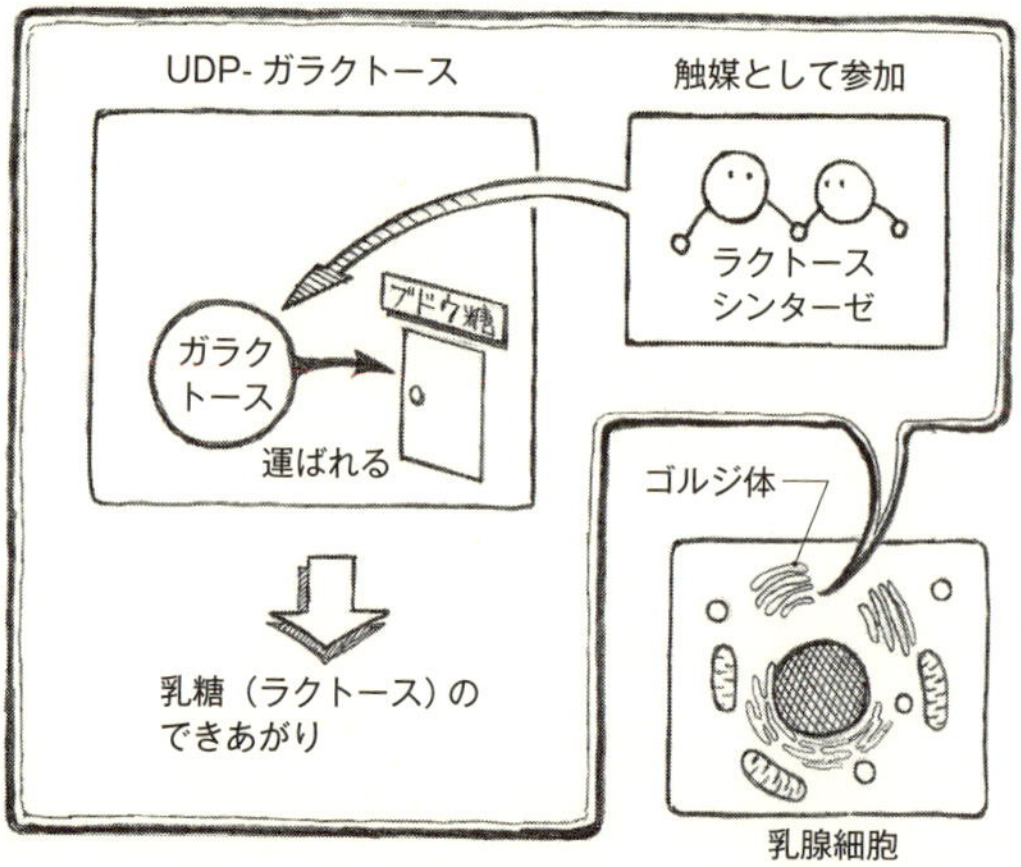

のと、血液から乳腺細胞の中に取り込まれ、そこからおっぱいに分泌されるものとがありますが、乳糖は乳腺細胞の中で作られます。乳腺細胞の中にあるゴルジ体というところで、UDP-ガラクトースという成分からガラクトースがブドウ糖（グルコース）に移ることでできるのです。

このときに触媒として働くのが、酵素ラクトースシンターゼです。ラクトースシンターゼはじつは2つのタンパク質が会合してできていて、1つはβ4ガラクトシルトランスフェラーゼIという酵素、もう1つはこのα-ラクトアルブミンです。

β4ガラクトシルトランスフェラーゼIは、どこの組織でも普通に見られる酵素です。通常はガラクトースをN-アセチルグルコサミンという糖に運んで、別の糖を作っています。α-ラクトアルブミンは、おっぱいや泌乳時期の乳腺細胞の中だけにしか発現しない、おっぱいに固有のタンパク質です。乳腺細胞の中で、β4ガラクトシルトランスフェラー

【UDP-ガラクトース】
ガラクトースと、リボ核酸を作る塩基の一部ウラシルとが結合した糖。

〈泌乳時期だけ働くα-ラクトアルブミン〉

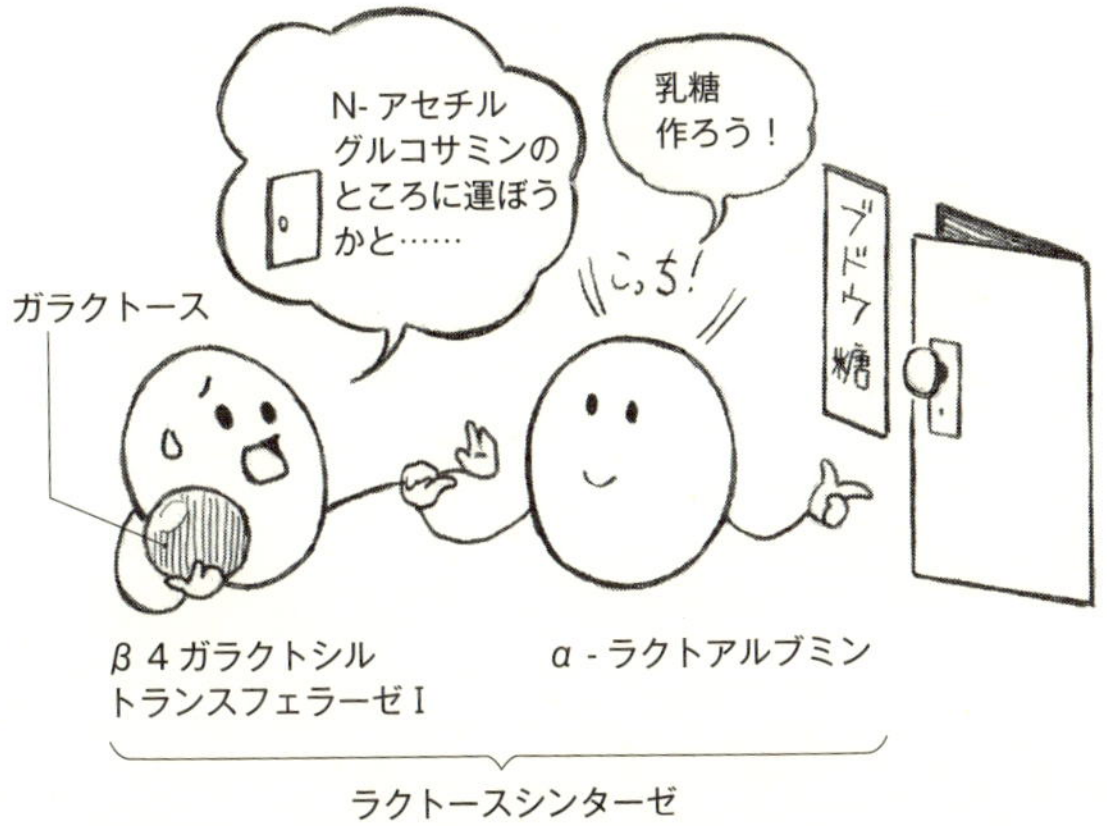

ゼＩがα‐ラクトアルブミンと会合すると、ガラクトースを運ぶ行き先を、Ｎ‐アセチルグルコサミンでなくブドウ糖に変えます。つまりこの酵素は、おっぱいが出る時期だけα‐ラクトアルブミンと協力して乳糖作りをするというわけです。

このα‐ラクトアルブミンは、「リゾチーム」という、細菌の細胞壁を壊して死滅させる働きをもつ酵素が祖先タンパク質だということがわかっています。リゾチームは哺乳類のおっぱいや涙のほかに、鳥類の卵白や昆虫などにも存在しています。

α‐ラクトアルブミンはカルシウムと結合する性質をもちます。そのことを発見した北海道大学の新田勝利氏らは、先祖タンパク質であるリゾチームにも同じような性質があるのではないかと考え、いろいろなリゾチームで試してみました。すると多くのリゾチームはカルシウムと結合する性質はもたないものの、ウマの乳、イヌの乳、ハリモグラの乳、ハトの卵白などのリゾチームはカルシウムと結びつくことがわかりました。

このことから、約４億年前、鳥類（爬

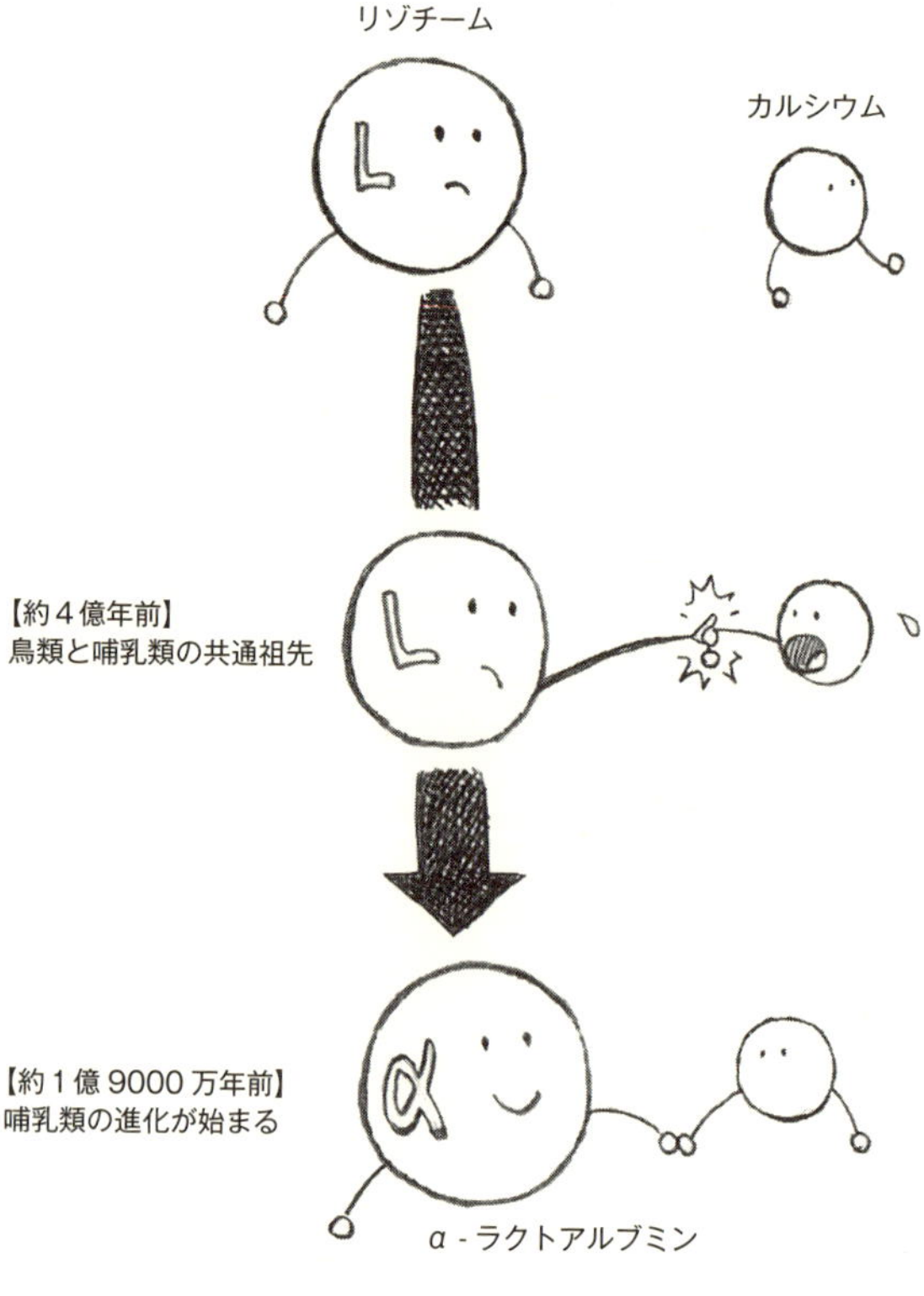

虫類・恐竜を経由）と哺乳類の進化に先立って、普通のリゾチームからカルシウムと結びつく性質のリゾチームへと進化し、ついで哺乳類の進化が始まった約1億9000万年前にα・ラクトアルブミンが出現したとする2段階進化説を提案しました。

では、リゾチームはどのようにα・ラクトアルブミンになっていったのでしょう。リゾチームが細菌の細胞壁を破壊するためには、グルタミン酸とアスパラギン酸という2つのアミノ酸（タンパク質の左端から数えて特定の2カ所の位置にある）が必要です。これらを活性中心といいます。単孔類のおっぱいに含まれるα・ラクトアルブミンには、その位置にグルタミン酸はありますが、アスパラギン酸はセリンと置き換わっています。つまりリゾチームとしての働きはありません。

これらのことから考察した仮説ですが、まずリゾチームの活性中心ではない位置でアミノ酸が変化して、α・ラクトアルブミンの機能をもち合わせたタンパク質が出現します。そのタンパク質からリゾチームの活性中心に相当する一か所のアミノ酸の変換が起こったのが、現在の単孔類にも見られるα・ラクトアルブミン。やがて、ほかの活性中心でもアミノ酸の変換が起こって、現在、多くの哺乳類がもつ乳糖の生産専用のタンパク質、α・ラクトアルブミンが誕生したとも考えられているのです。

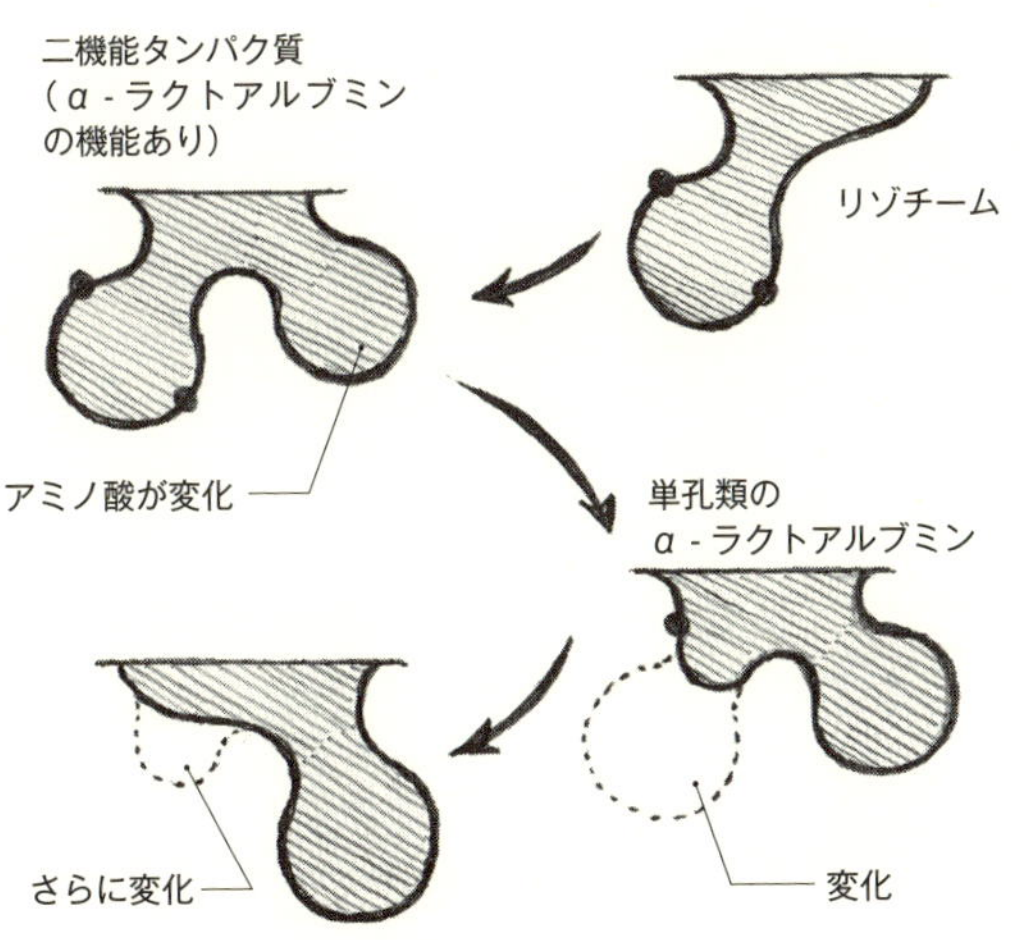

3-7 ミルクオリゴ糖から哺乳類の祖先を知る

祖先ではミルクオリゴ糖が優先

リゾチームからα-ラクトアルブミンへ進化することによって、哺乳類は乳腺の中で乳糖を作ることができるようになりました。α-ラクトアルブミンを獲得した時期については諸説ありますが、約3億1000万年前とする説もあります。しかしこの時期に、乳糖が作られるとともに、現在の有胎盤類のように栄養源として利用していたのかというと、それは考えられません。

原始的哺乳類が分泌していたおっぱいのルーツを探るヒントは、単孔類の赤ちゃんが孵化したばかりの時期の乳成分にありそうです。

単孔類は乳首のない乳腺からおっぱいを分泌しているので、おっぱいが体表面に溜まりやすい状態にあります。もし細菌がそれを栄養として増殖してしまうと、おっぱいは赤ちゃんにとって、むしろ危険なものになってしまいます。しかし自然界には乳糖を栄養とする細菌はたくさんありますが、単孔類の乳の中に含まれる乳糖はたいへん少ないので、好ましくない細菌の餌になってしまう心配はありません。

単孔類のおっぱいは、乳糖よりもミルクオリゴ糖の方が圧倒的に量が豊富です。赤ちゃんが孵化したての時期のハリモグラのおっぱいの炭水化物を分析したところ、炭水化物の大半を4・O・アセチル・N・アセチルノイラミニルラクトースという、とても変わったミルクオリゴ糖で占められていました。この単孔類に固有のミルクオリゴ糖は、細菌の作り出すシアリダーゼという酵素では分解されにくい、つまり細菌の餌になりにくいのです。そのことから、ハリモグラの体表面に溜まった乳には、細菌は増殖しないと考えられます。

単孔類以外のおっぱいにもシアル酸を結合したミルクオリゴ糖は含まれますが、こちらは細菌のシアリダーゼによって分解されてしまいます。単孔類のおっぱいは、細菌に対して防御がなされているのです。

単孔類と同じように、はじめて出現したころの哺乳類の祖先が出す原始的な乳様の分泌物でも、同じように乳糖は非常に少なくミルクオリゴ糖の量が多かったと推測できます。

ミルクオリゴ糖は、乳糖にN・アセチルグルコサミンやガラクトース、フコースなどの単糖が結合してできています。ということは、乳腺の中で乳糖が作られなければミルクオリゴ糖も作られません。乳腺の中では、α・ラクトアルブミンと協力して乳糖を合成する酵素と、乳糖にN・アセチルグルコサミンなどの単糖を移してミルクオリゴ糖を作る酵素が働いています。α・ラクトアルブミンが少ないために乳糖が作られる速度が遅いと、できた乳糖はどんどんミルクオリゴ糖の合成に利用され、ミルクオリゴ糖が増えていきます。

つまり乳糖を作るスピードは、乳腺の中のα・ラクトアルブミンの量が鍵となっています。カモノハシやハリモグラの乳の分析をしたシドニー大学のマイケル・メッサー博士からは、α・ラクトアルブミンの量が少なくて、分離するのに苦労したと聞いています。それも乳腺の中でα・ラクトアルブミンの発現量が少ないためなのです。

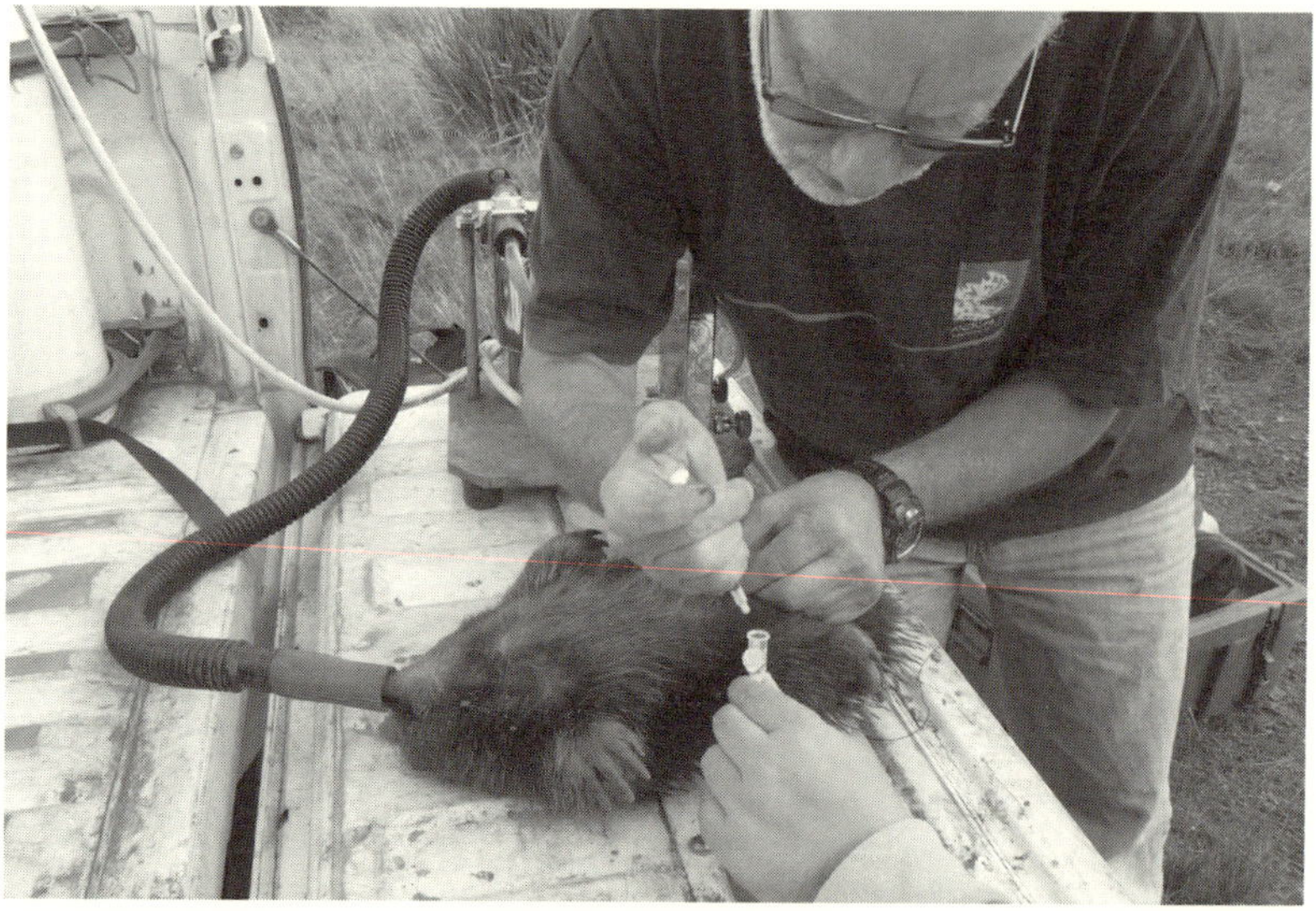

2012年9月タスマニアでハリモグラのおっぱいを回収するスチュワート・ニコル博士（タスマニア大学）。ミルクパッチからしみ出たおっぱいを集めている（写真：筆者）。

哺乳類の祖先の乳腺では現在の単孔類と同じように、α‐ラクトアルブミンの量は少なかったのでしょう。現在の有胎盤類へと進化していくどこかの段階で著しく増加し、乳糖の合成速度が速くなって乳糖の方が優先的なおっぱいになっていったのではないでしょうか。そして体外で、乳首を通さずにおっぱいを与えていた祖先にとって、ミルクオリゴ糖は病原性細菌やウイルスが赤ちゃんの腸管に感染するのを防ぐ役割も担っていたのではなかったかと考えられます。赤ちゃんがおっぱいを、乳首を通して空気に接触することなく飲めるようになったことで、その姿も変わっていったのでしょう。

もともとおっぱいの機能は赤ちゃんに感染防御物質を与えるようなものであったとされていますが、感染防御物質であるリゾチームからα‐ラクトアルブミンへの分子進化は、ミルクオリゴ糖という新たな感染防御物質を出現させ、赤ちゃんを守る働きをさらに強めたのではないでしょうか。この経緯は哺乳類の進化にとって、重要な一側面となったといえます。

【（ミルクオリゴ糖の）感染防御】腸管細胞のような上皮細胞で、カンピロバクター・ジェジュニなどの病原菌の培養系の中に、ヒトミルクオリゴ糖を溶かしたものを添加して観察を行った実験の結果からも予想されている。

3-8 乳糖を消化する進化

ラクターゼの獲得

ヒトをはじめ、現在の有胎盤類の赤ちゃんは、お母さんのおっぱいに含まれる乳糖を栄養源として利用しています。赤ちゃんの小腸の上皮表面にあるラクターゼという酵素の働きによって、乳糖はブドウ糖とガラクトースに分解されます。そうして、はじめて消化吸収されるようになったのですが、メッサー博士たちの研究によると、このラクターゼを、単孔類もカンガルーやワラビーももっていませんでした。

有袋類のすべてもっていないかというと、必ずしもそうではなく、ポッサムの離乳間近の赤ちゃんはそれをもっているようです。この酵素は現在の3系統共通の哺乳類の祖先も、最初に分化した単孔類ももっておらず、有袋類と有胎盤類の共通祖先で獲得されましたが、実際に機能するようになったのは有胎盤類だけであると考えられます。つまり赤ちゃんの栄養源としての乳糖の出現は、お母さんの乳腺でのα-ラクトアルブミンの発現量の増加と、赤ちゃんの小腸の中のラクターゼの獲得、この両方があってはじめて可能となったのです。

おっぱいの中で乳糖が優先的か、あるいはミルクオリゴ糖が優先かは、α-ラクトアルブミンの発現量が鍵となっていました。有胎盤類の中でも、クマやアザラシの乳ではミルクオリゴ糖の方が乳糖よりも量が多く見られます。

前にも書いたように、それらの赤ちゃんは主に脂質を栄養源としていて、乳糖はあまり必要としなくなったためでしょう。これは、α-ラクトアルブミンの発現量の低下によってもたらされたと考えられます。一度獲得したものを、生息環境や繁殖行動の変化によって、ときには捨て去る――これも進化の1つの姿です。

一方で、カンガルーやワラビーではα-ラクトアルブミンの量はそこそこありつつも、ミルクオリゴ糖優先の割合になっています。これは、乳糖の合成速度はそれほど遅くはないにもかか

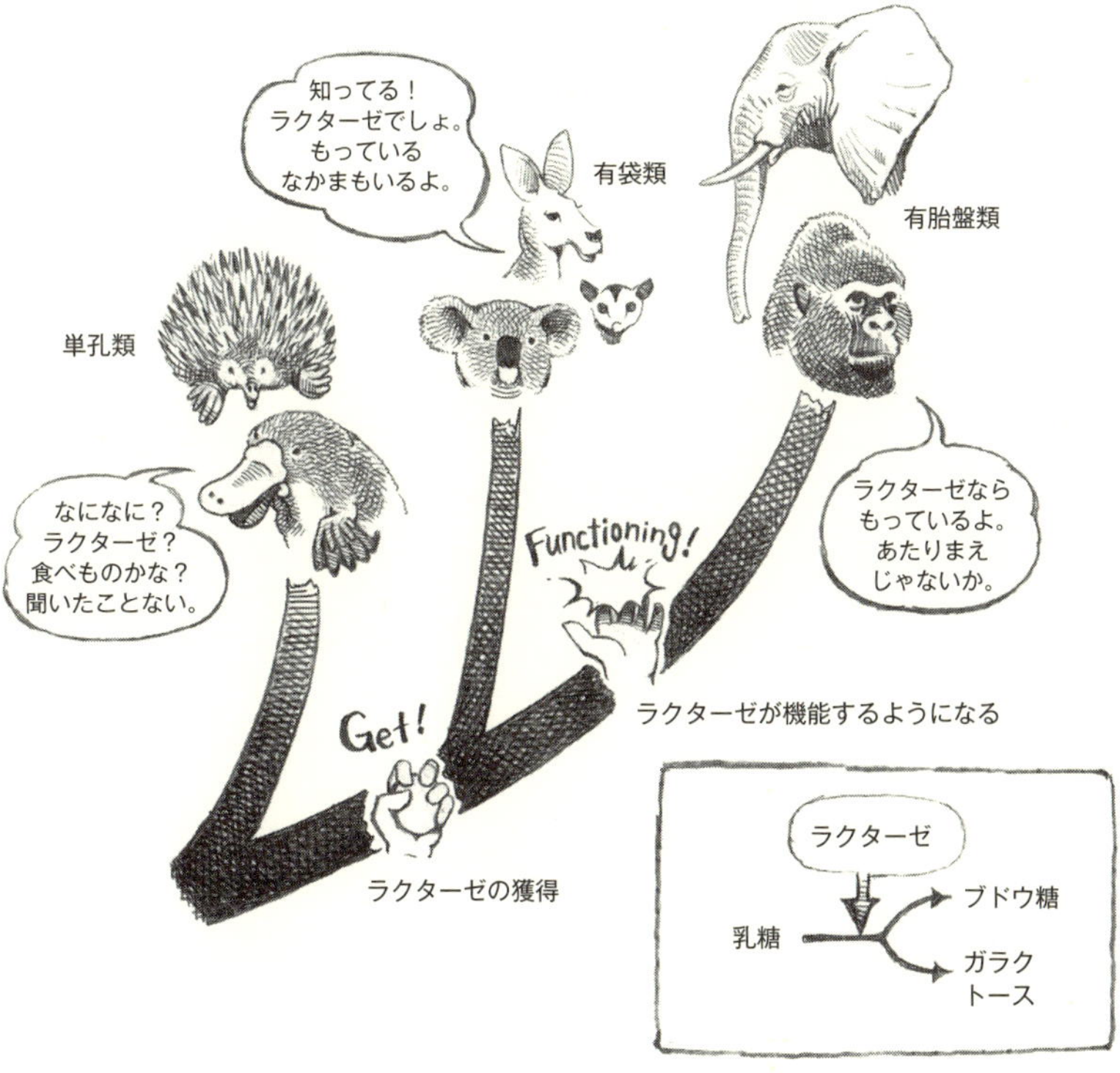
知ってる！ ラクターゼでしょ。 もっている なかまもいるよ。
有袋類
有胎盤類
単孔類
なになに？ ラクターゼ？ 食べものかな？ 聞いたことない。
Functioning!
ラクターゼなら もっているよ。 あたりまえ じゃないか。
ラクターゼが機能するようになる
Get!
ラクターゼの獲得
ラクターゼ
乳糖
ブドウ糖
ガラクトース

わらず、単糖転移酵素（乳糖にガラクトースを転移する酵素など）の活性が著しく高いためだと考えられます。そういうケースでは、糖全体の量も非常に高くなります。ある時期のカンガルーのおっぱいの糖の量は14%（ヒト7%、ウシ4・5%）とたいへんな濃度になっています。乳糖優先のおっぱいでこのように糖全体の量が多くなると非常に強い浸透圧になってしまいます。

カンガルーのおっぱいは糖の量は多いけれど、乳糖よりも分子量の大きなミルクオリゴ糖が優先的であるために、浸透圧は高くならないですみます。もし高い浸透圧であれば、赤ちゃんは下痢をしてしまい、お母さんの乳腺細胞が破裂してしまうことでしょう。

有胎盤類の中でもヒトやゾウは乳糖もミルクオリゴ糖も比較的多いので、α‐ラクトアルブミンの量は比較的多く、また単糖転移酵素の活性も比較的高いと考えてよさそうです。

乳糖とミルクオリゴ糖の量と割合は、腸内細菌との共生などの種の生存戦略、環境への適応戦略にもかかわってきます。単孔類や有袋類の赤ちゃんはミルクオリゴ糖を栄養源として利用しますが、それは有胎盤類が乳糖消化酵素ラクターゼによって乳糖を消化するのとは異なり、ミルクオリゴ糖を小腸細胞内に丸のまま取り込み、そしてリソソーム（小胞体）へと輸送され、その中の消化酵素によってそれを分解しています。このしくみは、2016年にノーベル生理医学賞を受賞した大隅良典博士によるオートファジーと似たような方法をとっているのではないかと想像されます。

【浸透圧】
同じ重量濃度の水溶液の場合、例えば二糖の浸透圧は単糖の半分ですむ。

3-9 おっぱい脂肪の進化

3つのタンパク質が乳脂肪を作る

おっぱいの中で脂肪分は、粒子として分散し、水分となじんでいます。前にも述べましたが、それは脂肪の粒子の周りが「脂肪球膜」によって包まれているおかげです。脂肪球膜は、乳腺細胞の中で合成された脂肪の粒子が細胞の頂上に運ばれ、細胞膜を突き破るときに脂肪粒子の周りにくっついたもので、本来は乳腺細胞の細胞膜です。

この脂肪球膜を形作る上で、2つのタンパク質が働いています。ビューチロフィリンと、キサンチンオキシドレダクターゼという酵素です。

ビューチロフィリンは、免疫グロブリンのスーパーファミリーのメンバーで、免疫グロブリンとよく似ています。一方キサンチンオキシドレダクターゼは、本来は尿酸の形成や窒素との反応などの多くの機能に関係するタンパク質で、おっぱいでは微生物の活性を抑える重要な役割をもっています。

【ビューチロフィリンとキサンチンオキシドレダクターゼ】
遺伝子を操作し、これらの酵素を作り出せなくしたマウスでは、乳腺細胞の中で作られたトリグリセリド（脂肪酸の化合物）は細胞質の中に蓄積し、脂肪球とはならないで細胞の外側に漏れていく。

【免疫グロブリン】
血液中に存在する抗体、タンパク質のこと。

【スーパーファミリー】
似通った構造や機能をもつ遺伝子の集合。

ビューチロフィリンの分子には、乳腺細胞の細胞膜の内側に面している部分と細胞膜を貫通する部分があり、細胞膜の内側でキサンチンオキシドレダクターゼと強く結びついているという構造です。そのメカニズムについては、詳しくわかっていないのですが、この2つのタンパク質の相互作用によって、脂肪球に細胞膜が引き寄せられるとともに脂肪球が移動し、細胞の外に遊離されると考えられています。

これら2つのタンパク質はアポクリン腺のような乳腺の先祖腺から乳腺へと進化していく過程で2つとも発現するようになったと考えられていて、この2つが細胞膜のところで会合できるようになったことで、現在のような高濃度の脂肪分を、うまく脂肪球として分泌できるようになりました。

また乳脂肪球膜の内側にあるアジポフィリンというタンパク質も、脂肪球の表面でキサンチンオキシドレダクターゼと会合し、ビューチロフィリン／キサンチンオキシドレダクターゼ／アジポフィリン複合体というものを形成して、脂肪球が安定するための重要な役割をしています。

これら3つのタンパク質が乳腺の進化のどの段階で、一緒に発現されるようになったのか、それが明らかになれば、脂肪を豊富に含む今日のようなおっぱいになったのはいつの頃か、進化の過程を知ることができるでしょう。

おっぱい進化の神秘

おっぱいから推理する、哺乳類の進化の道筋の話はここまでです。じつはまだわかっていないことも多く、推論の部分もあります。祖先の乳のような分泌物が、どのようにして栄養たっぷりの今日のようなおっぱいになったのでしょう。

おっぱいタンパク質の祖先が何であったのかも、α‐ラクトアルブミン以外はまだはっきりとはしていません。また脂質を豊富に含むようになったのは、乳腺の中でどのような進化があったからなのかもわかっていません。それにどの時期に、どのタンパク質が出現して、どのような機能を果たすようになっていったのかなど、興味深いテーマは数多く、いくらでも想像を膨らますことができます。

おっぱいをはじめとする体の機能や循環、分泌などの生理からは、化石研究とはまたちがった視点で哺乳類の進化の謎に迫ることができます。このような学問領域は今まさに始まった段階にあります。

おっぱいというものをこのような切り口から眺めてみると、哺乳類が「子孫を残す」という、生物が生存する上で最大の目的に向けて、どのような道筋をたどってきたのか、そこには母子の間の関係性も垣間見え、神秘的ともいえる事柄が数多く待ち受けているはずです。これから研究を目指す若い方たちにも、興味深い世界が広がっていることでしょう。そして、かれらによって（もちろん私もまだまだ）次々と新しいことが解き明かされ、また新たな謎を生んでいくことと思います。このようなおっぱいの進化の神秘には、おっぱいにも神様がいて、まるでその神様に導かれた気がします。日本の神社信仰の中に「乳神様」というのがありますが、おっぱいを神秘的と捉える発想は人間の深層心理の中にあるのかもしれません。

OPPAI COLUMN

動物園の人工哺育

森由民
YUMIN MORI

動物園・水族館（以下「動物園」）では、ときに飼育員が動物の赤ん坊を育てることがあります。とくに「人工哺育」というときは、授乳を含めての営みとなります。

まず「どんなおっぱいを与えるか」ということから難題なのは、第2章に詳しくあります。本来、動物園動物は野生種であるために、多くは手探りの実践によって研究と改善が進められてきました。その中から、例えばアザラシには脂肪分を増強した調整乳が作られています。

しかし、人工哺育は単に「適切な成分の乳を与える」ということにとどまるものではありません。動物園が「動物たちの野生」を伝えようとするなら、繁殖から育児も、動物たち自身によるのがいちばんです（自然繁殖・自然哺育）。とくに類人猿やゾウなど、ヒトに近い知能をもつ動物種では、授乳を含む育児行動も自分が親に育てられたり、弟妹などの育児を見たり、参加したりすることで学び取られます。人工哺育は、動物たちの赤ん坊のいのちをやむを得ず人間が預かり、守りつないでいく営みですが、ここで述べたような理由から、可能なかぎり、母親や本来の群れに赤ん坊を還すことが目指されます。このため、例えばチンパンジーなどは飼育員が哺育しながらも折々に母親や群れメンバーと、ケージ越しなどの「お見合い」をさせ、先行きの群れ復帰を図ります。ときには母親以外のメスに赤ん坊を委ね、その庇護のもとでほかの群れのメンバーとつながりをもたせたりもします。

人工哺育に踏み切らなければならない状況としては、母親個体が授乳を嫌がったり、あるいは十分なおっぱいが出ないことによる場合がありますす。そんなときには、赤ん坊を飼育員が引き取るのではなく、そのまま本来の群れでくらさせながら、哺乳時に飼育員のもとに子どもを呼び寄せたり、母親に連れてこさせたりといったやり方をすることもあります。これらは動物たちと飼育員の間に「約束」が成り立ち、信頼関係があってこそのことですが、大切なのは意味もなく人間との距離を詰めることではなく、必要なときは来させる、それ以外は動物たちのペースでくらすという状態を保つことです。飼育員による「介添え」を受けながらも子どもの世話をすることで、母親個体に次の出産や育児に向けて、経験を積ませることも意識されます。

飼育員が親身になって担当動物の仔を育てる姿は、深く偽りのない愛情を伝えてくれます。しかし、「子」を自立させるのが「親」の役目であり、ましてや異種であるからには、チンパンジーはチンパンジーらしく、ゾウはゾウらしく成長してくれてこそ、飼育員の「親心」は報われるのにちがいありません。

CHAPTER 4

発酵乳のふしぎ

MYSTERY OF FERMENTED MILK.

福田健二

4-1 乳酸菌って何だろう？

乳酸を分泌する細菌

「乳酸菌」と聞くと、皆さんは何をイメージされるでしょうか。
「ヨーグルト」「私たちのおなかに住んでいる」「体にいい」「ヒトにはヒトの……」などなど。

じつは、こうしたイメージを適切に表現する「プロバイオティクス」という言葉があります。プロバイオティクスは、世界保健機関（ＷＨＯ）により「適量摂取した場合、宿主に健康上の利益をもたらす生きた微生物」と定義されています。誤解を受けやすいのですが、プロバイオティクス＝乳酸菌ではありません。乳酸菌の中にはプロバイオティクスとして働くものもあれば、そうでないものも存在しているのです。

乳酸菌は大きさが数マイクロメートル程度（１マイクロメートルは１０００分の１ミリ）の桿状または球状をしたバクテリアです。「グラム陽性菌」で、過酸化水素から酸素と水を生成するカタラーゼという酵素をもちません。内生胞子を作らず、なかには繊毛などを使って自ら動く能力をもつものもいる、といった特徴があります。

そして何より乳酸菌のいちばんの特徴は、その名前が示す通り、糖などを取り込んで乳酸を分泌する性質です。例えばグルコースを栄養源として取り込んだ場合、その50％以上が乳酸に変換されます。これらの性質を満たすバクテリアを、まとめて乳酸菌と呼んでいます。乳酸菌は、分類学上ではフィルミクテス門（Firmicutes）に属するラクトバチルス（*Lactobacillus*）属などの28菌属あるとされています。

また、分類上は乳酸菌ではありませんが、人間から見て乳酸菌と同じようにおなかにすんでいて健康によい性質をもつビフィズス菌も、盛んに研究が進められています。ビフィズス菌は、放線菌門（Actinobacteria）に属するビフィドバクテリウム（*Bifidobacterium*）属に系統分類されるバクテリアです。

私たち人間は、まだ乳酸菌の存在を知らなかった昔から、食物を長持ちさせるために乳酸菌を利用してきました。ヒトにとって栄養豊富な食物は、微生物だって大好物である可能性もあります。つまりは腐りやすいということですが、乳酸菌がたくさんの乳酸を分泌するおかげで、食べものの周囲が酸性になり、腐敗にかかわる多くの微生物は死んでしまいます。

乳酸菌の働きによって作ることのできる食品は、ヨーグルト、お漬物、サラミなど、身近にたくさんあります。さらには、酸っぱいというより塩辛いと感じるような醤油や味噌、あるいは日本酒やワインなどアルコール飲料の製造にも、乳酸菌が重要な働きをしています。最近では、乳酸菌がバクテリオシンと呼ばれる抗菌活性をもつオリゴペプチドを分泌することがわかり、保存料として使用が認められたものもあります。

乳酸菌は、生きていく上でいろいろな酵素を生産しますが、そうした酵素が食品成分に作用し、いろいろな成分が作り出され、食品を変化させます。この乳酸菌の働きは、食品の保存に役立つと同時に、その風味やテクスチュア（固さや粘度など）、健康機能性にもよい影響を与えます。例えば、ゴーダに代表されるセミハードタイプのチーズは、熟成が進むにつれ旨味が増していきます。これは、チーズの主成分であるカゼインが、乳酸菌が分泌するタンパク質分解酵素の働きによってアミノ酸にまで分解されていき、その結果、旨味の要素であるグルタミン酸塩が多量

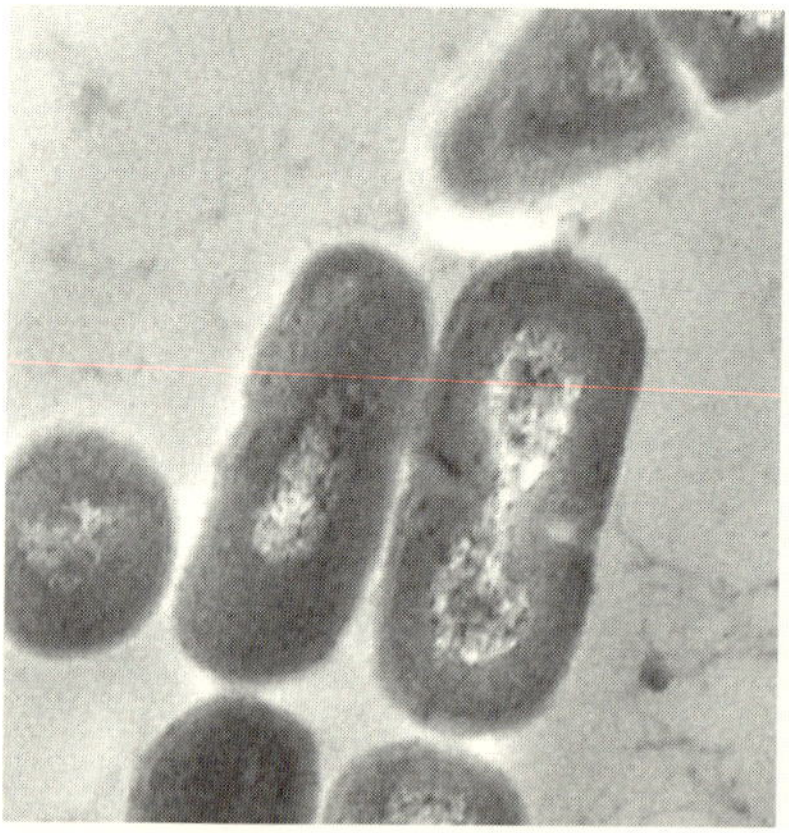

乳酸菌の電子顕微鏡写真（写真：近藤大輔）

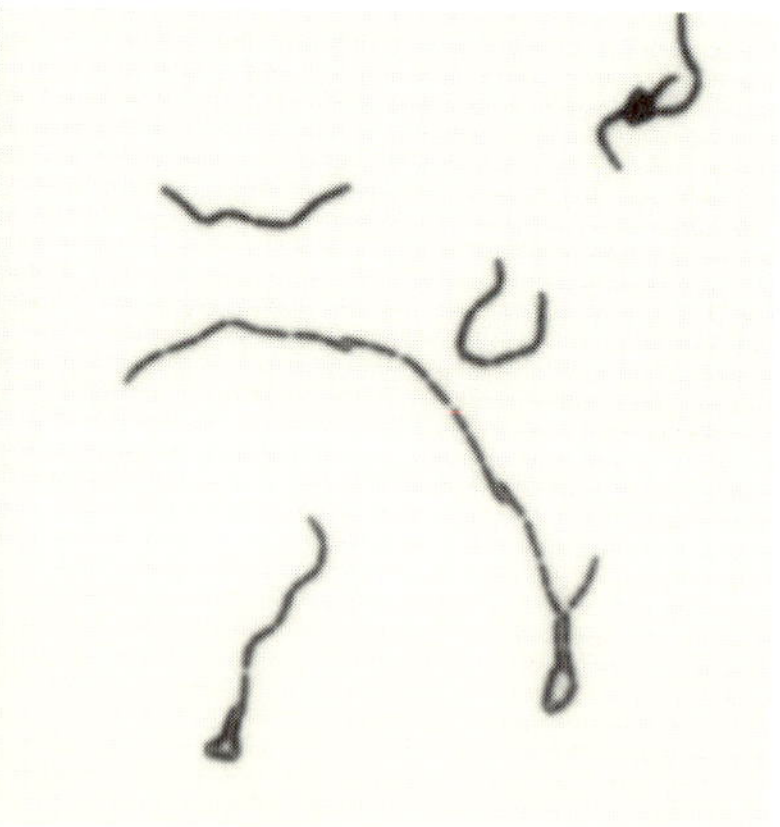

乳酸菌（写真：福田健二）

【オリゴペプチド】
アミノ酸が、2〜数個結合したもの。食物のタンパク質は消化によってアミノ酸に分解され、腸管から血液内に吸収されるが、オリゴペプチドの状態でも腸管から吸収される。

にできるためです。また、チーズフレーバーの主成分であるジアセチルは、乳酸菌ラクトコッカス・ラクティス（*Lactococcus lactis*）の一部が、乳に含まれるクエン酸を材料として作り出します。さらに、さまざまな生理活性オリゴペプチドは、その多くが乳酸菌が生産するタンパク質分解酵素の働きで作り出されます。

このように、ヒトのくらしと密接にかかわり合っている乳酸菌ですが、ここではとくに乳との関連性に主眼を置いて、お話ししていきたいと思います。

4-2 乳と乳酸菌の切っても切れない関係

食べものにうるさい？　乳酸菌

乳酸菌は、そもそもなぜ乳酸菌と呼ばれているのでしょうか。人類による家畜の乳の利用は、紀元前8700年頃、現在のトルコ南部にあるタウルス山脈付近で始まったようです。そして、おそらくですが、乳を放置すると酸っぱくなるという現象は、すでにその頃から知られていたと想像できます。しかし、この酸っぱさの正体が明らかになるのは1780年まで待たなくてはなりません。スウェーデンの化学者シェーレがはじめて腐敗した牛乳の中から有機酸を発見し、それをMjölksyra（スウェーデン語でMjölkは乳、syraは酸）と命名したのです。余談ですが、日本では江戸時代、天明に元号が変わる前年です。

搾りたての生乳に乳酸はほとんど含まれていませんが、放置している間に微生物が増殖し、これが乳に含まれる糖質を代謝して乳酸発酵を行なった結果、乳酸が蓄積し

【シェーレ】
カール・ヴィルヘルム・シェーレ。スウェーデンの化学者・薬学者。金属を中心とした、さまざまな元素や有機酸（尿酸、乳酸、クエン酸など）・無機酸（青酸、ヒ酸など）を発見。酸素を最初に発見したが、論文の提出が遅れたために、現在の酸素の発見者はジョゼフ・プリーストリーとされている。

ていきます。この微生物を、乳酸菌と呼ぶようになったのです。「乳」とつきますが、現在では、乳酸菌は生育に必要な栄養があるところであれば、動物や植物の体の表面など動物のおっぱい以外にもあちこちに存在していることがわかっています。もし、最初に乳酸が見つかったのが乳とは別の場所だったら、まったくちがう名前になっていたことでしょう。

乳酸菌は微生物の中でも比較的食べものにうるさい菌です。生育するには、エネルギーとなる糖質、菌体を形作るアミノ酸、そのほかビタミンやミネラルなど、豊富な栄養を必要とします（栄養要求性が高いといいます）。乳酸菌は酸素がない環境の方を好みますが、酸素毒性を取り除くこともできるので、酸素があっても死滅することはありません（通性嫌気性）。一方で、ビフィズス菌は大気と同じ約20％よりも酸素の濃度が高くなると、まったく生育できません（偏性嫌気性）。乳酸菌は、グルコース（ブドウ糖）やラクトース（乳糖）など発酵性の糖質を体内に取り込んで、いろいろな酵素の働きにより化学エネルギーという形でエネルギーを取り出すことができます。

【嫌気性】
増殖に酸素を必要としない生物を嫌気性生物といい、細菌に多い。反対に酸素を利用した代謝を行う生物を好気性生物という。

4-3 乳＋乳酸菌＝発酵乳

いろいろな発酵乳

1908年に免疫の研究でノーベル賞を受賞したロシアの微生物学者イリヤ・メチニコフは、晩年になって「ヨーグルトの不老長寿説」を唱えたことでも知られています。彼は、ヨーグルトを日頃から食べているブルガリア人には長生きな人が多いことに着目し、その原因は、ヨーグルトに含まれている乳酸菌のおかげではないかと主張しました。乳酸菌が乳酸を作ることで腸内pHを低下させて酸性にし、悪玉菌の増殖を抑制すると考えたのです。実際に、プロバイオティクス乳酸菌がヒトの健康にさまざまなよい影響を及ぼすことは実験的に証明され、現在では、これらを使ったヨーグルトを、いくつも店頭で見ることができます。

ヨーグルトのような「発酵乳」は、読んで字のごとく乳を発酵させたものです。発酵乳の代表格はヨーグルトです。一般的なヨーグルトは、ブルガリクス菌とサーモ

【イリヤ・メチニコフ】
ロシアの微生物学者、動物学者。白血球が体内の免疫機能に深くかかわっているとする「免疫食細胞説」でノーベル生理学・医学賞を受賞。腸内細菌の効果に注目し、老化は腸内腐敗により加速されるという説を唱えた。

【発酵】
微生物の働きで起こる食品の変化。発酵では乳酸菌や酵母が活躍して、人体によい働きをする有機酸やオリゴペプチド、それにアルコールなどを生じる。腐敗も同様の変化ではあるが、ヒトが安全に食べることができるか、そうでないか、というちがいがある。腐敗では有害な硫化水素やアミン類などが生じる。

フィルス菌を組み合わせて作ります。ヨーグルト以外にも、世界には伝統的発酵乳がいくつも存在します。例えば、ウシ乳やスイギュウ乳を用いた、ロシアのコーカサス地方を原産とするケフィール（ケフィア：kefir）、強い粘凋性を示す北欧のロングフィル（Långfil）やビーリ（viili）、インドやネパールで作られるダヒ（dahi）などが挙げられます。中央アジアでは、ウマ乳を材料としてクーミス（koumiss）が作られています。このような伝統的発酵乳からは、ブルガリクス菌やサーモフィルス菌ではなく、ラクトバチルス・ケフィラノファシエンス、ラクトバチルス・アシドフィルス、ラクトバチルス・プランタラム、ラクトバチルス・ファーメンタム、ラクトコッカス・ラクティスなど、さまざまな乳酸菌が見つかります。

【ブルガリクス菌】
Lactbacillus delbrueckii supsp. *bulgaricus*

【サーモフィルス菌】
Streptcoccus salivarius subsp. *thermophilus*

また、とても珍しい例として、インドネシアのスンバワ島というところでは、ウマ乳を一週間、ただ放置して発酵乳を作っていきます。熱帯地方の暑い気温にもかかわらず、ほうっておいて腐敗もせず発酵乳ができあがるのは驚きですが、飲んでみると非常に酸っぱいので、酸を作り出す能力の高い乳酸菌が発酵にかかわっているのだと考えられます。最近、私たちの研究室で、この発酵馬乳からプロバイオティクス候補となるラクトバチルス・

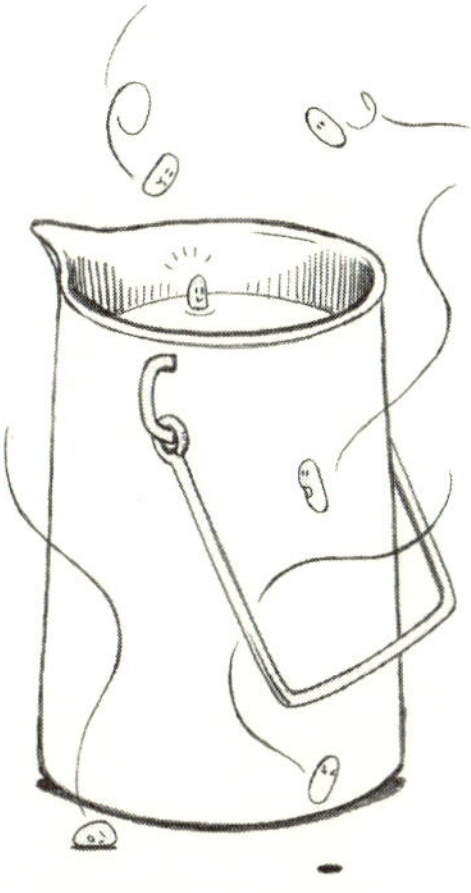

乳酸菌は空気中から入ってくる。

ラムノサスをいくつか取り出すことに成功しました。

　こうした発酵乳がいつ、どこで作られ始めたのか、その起源は定かではありませんが、生乳にもともと含まれている乳酸菌、または保存容器や作った人間の体などから自然に入り込んだ乳酸菌が保存中に増殖し、できあがったのだと考えられます。ちなみに、ブルガリアではヨーグルトを作るときにセイヨウサンシュユ（西洋山茱萸）という木の枝を加えることから、発酵には植物由来の乳酸菌が働いていると考えられています。

　世界ではじめて発酵乳を味わった人は、突然、姿を変えた乳を前にして、神様からの贈り物だと思ったのではないでしょうか。最初は偶然に得られた発酵乳を大事に種として植え継いだり、あるいは乳酸菌の住みついた発酵乳作り専用の容器を代々受け継いで使ったりして、やがて安定的に発酵乳を入手することができるようになったのではないでしょうか。

　乳の加工は、その土地の気候によっても大きくちがった発達をしてきたようです。気温の高い地域では、乳の腐敗を避けるため、搾乳後すぐに発酵乳としてから、乳脂肪（バターやクリームなど）、あるいは乳タンパク質（カード）を分離します。一方、山岳地帯などの冷涼な地域では、生乳を加熱または非加熱静置して、浮かんできたクリームをまず分離し、残ったスキムミルクから発酵乳や乳酒を作ります。いずれにしても、乳酸菌の力を借りた発酵乳作りは、冷蔵庫のない時代から、乳を保存する技術として牧畜民の間で連綿と受け継がれてきたのです。


【植物由来の乳酸菌】

植物を発酵させる乳酸菌のこと。味噌や醤油、酒など米の発酵食品や漬物などにも見られる。

4-4 チーズ作りと乳酸菌

チーズに穴を空けるのは

チーズは、乳タンパク質の主成分であるカゼインを分離し、加工することで保存性を高めた食品です。このチーズ作りにも、乳酸菌は欠かせない存在です。乳中に安定して存在しているカゼインミセルをカードとして分離することができるのもそのおかげです。

この本でもすでに触れていますが、チーズ作りは最初に、原料となる乳を加熱殺菌します。ついでスターターとして乳酸菌を加え、しばらく温めます。その後、レンネットと呼ばれる添加物を加え、静置して固まったものを砕くと、液体と分離した固形物「カード」ができます。ここでは乳酸菌が作り出す乳酸により、乳が酸性になり、カードが分離沈殿するということが起こっているのですが、このカードの主体は乳タンパク質のカゼインです。カゼインは、そもそもこの過程で沈殿するタンパク質のことを指す言葉として作られました。

ここでのレンネットの働きはというと、レンネットはキモシンをはじめ、タンパク質分解酵素を豊富に含みます。キモシンはκ-カゼインに作用して乳を凝固させます。チーズ作りでは、乳酸菌とレンネットによるダブル効果で、しっかりと固いカードを得ているということになります。チーズの種類によっては、さらに加熱による熱凝固の効果をプラスする場合もあります。

乳酸菌は、カードの形成に役立つばかりではありません。腐敗細菌の増殖を抑えますし、熟成期間中、乳酸菌が分泌するタンパク質分解酵素はカゼインを分解し、チーズの味や、なめらかな舌触りなどのテクスチュアに影響を与えるとともに、さまざまな機能性オリゴペプチドを生成します。さらに、クレモリス菌（*Leuconostoc mesenteroides* subsp. *cremoris*）など、ある種の乳酸菌は代謝産物としてジアセチルなどの香気成分を生成します。

チーズといえば、トムとジェリーでおなじみの穴のあいたチーズを想像される方が多いかと思います。穴あきチーズはスイスで作られるエメンタールチーズが代表的ですが、この穴はチーズアイと呼ばれています。

チーズアイは、これまでプロピオン酸菌というバクテリアが乳酸を代謝することで生まれる二酸化炭素ガスによって作られた、チーズ内にできた気泡の名残とされてきました。

【ジアセチル】
特徴的な香りをもつ引火性の有機化合物。食品の品質に影響する。2013年、マンダムにより、30～40代の男性の「ミドル脂臭」の原因であると発表された。これは、表皮ブドウ球菌などの皮膚常在細菌が、汗に含まれる「乳酸」を代謝することで発生するものである。ダイアセチルと呼ばれることも。

ここに2015年スイスの研究所がおもしろい発表を行いました。エメンタールチーズの原料となる牛乳には細かな干し草のかけらが入っていて、このかけらにはとても微細な管状構造があり、ここには空気が入っています。チーズの熟成が進むとプロピオン酸菌などにより生成した二酸化炭素の気泡が、この空気を核として成長し、徐々に大きなチーズアイが形成されるというものです。最近では、チーズアイができにくくなったという話もあるそうで、生産工場の工程で、こうしたかけらが取り除かれているのも一因かもしれません。

つまりチーズアイ形成には、干し草の作った「核」と「二酸化炭素」の両方が必要だということになります。プロピオン酸菌自体は乳酸菌ではありませんが、乳酸菌が分泌した乳酸を使うので、チーズアイができるのも乳酸菌のおかげといってもよいのではないでしょうか。それにしても、伝統的なチーズの穴に、まだまだ新しい発見が隠されていることが驚きです。

エメンタルチーズ

4-5 ヒトと乳酸菌

乳酸菌はヒトの体のどこにいる?

人間と乳酸菌とは、じつは食品加工を通じてのみでなく、もっと深い関係にありま す。目には見えないため、日常、意識することはありませんが、人間の体は常に乳酸菌と何らかのやり取りをしており、その結果、乳酸菌は私たちの健康状態や老化、果ては精神状態にまで影響を与えることが、次第に明らかとなりつつあります。私たちは、オギャーと生れてから死に至るまで、ずっと乳酸菌と共に生きています。つまり共生関係にあるのです。

乳酸菌は、我々の体の表面、といっても目では確認しにくい部分に潜んでいます。それは口の中や食道、腸、それに女性の膣が主なすみかです。口の中にいる乳酸菌で有名なものは、虫歯の原因菌の1つであるミュータンス菌でしょう。乳酸菌は乳酸を分泌します。乳酸は酸ですから、歯の表面のエナメル質を溶かし、う蝕を引き起こし

【う蝕】
いわゆる虫歯。口の中に住む細菌が作った酸によって歯質が溶かされ、歯が欠損した状態。

ます。通常であれば、食品と共に口の中に入ってきた乳酸菌は、リゾチームなど抗菌物質を豊富に含む唾液によって洗い流され、歯を溶かすほどの乳酸は口の中に残りません。しかし、ミュータンス菌はねばねばした多糖類を作るため、歯の表面などに付着して、洗い流しにくくなります。また、この多糖類には菌体を守る効果もあり、唾液中の抗菌物質が効きにくい状態となります。

付着に成功したミュータンス菌は、周囲にある栄養素を取り込んで増殖し、乳酸を

〈虫歯を作るミュータンス菌〉

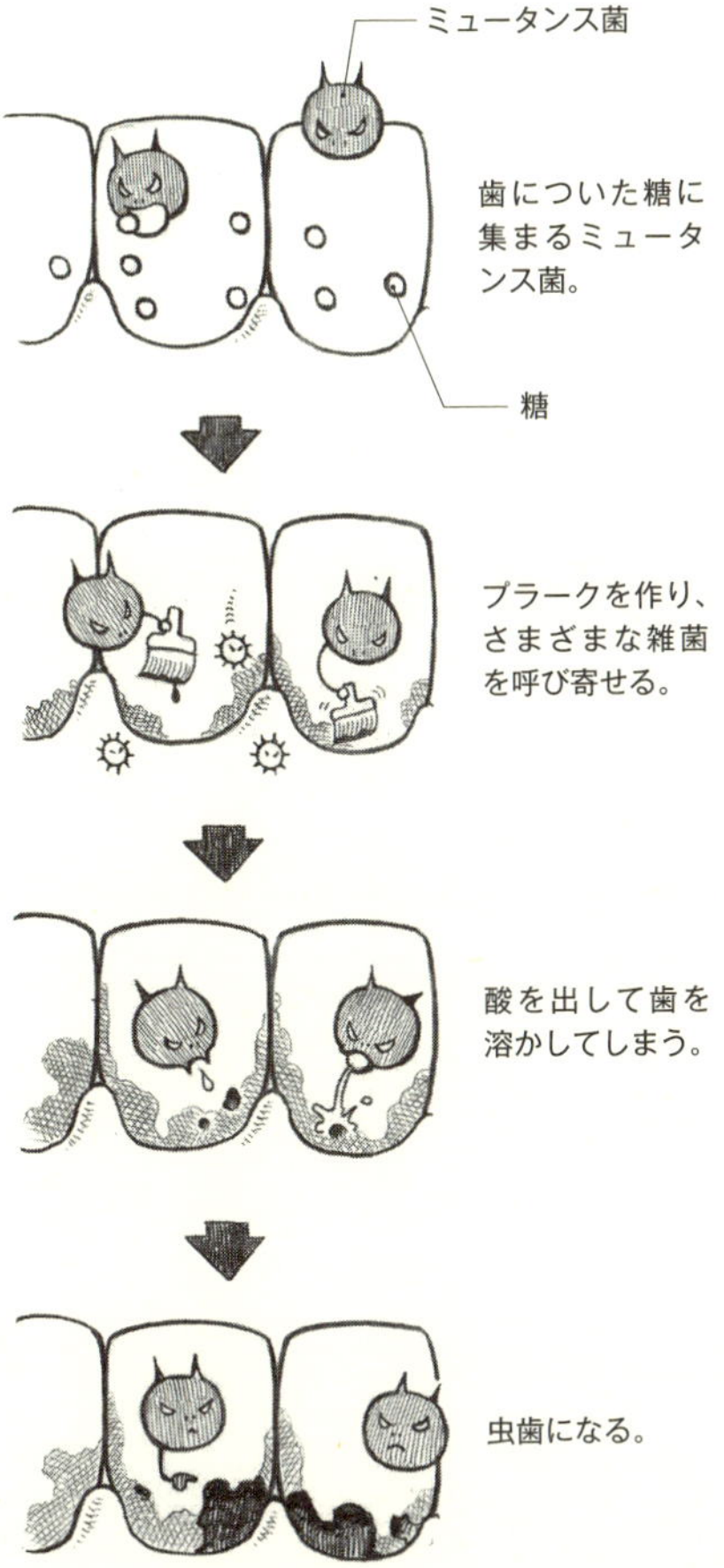
ミュータンス菌
歯についた糖に集まるミュータンス菌。
糖
プラークを作り、さまざまな雑菌を呼び寄せる。
酸を出して歯を溶かしてしまう。
虫歯になる。

どんどん分泌し始めます。さらに、ねばねばした多糖類はほかの菌にとってもかっこうの足場となり、複数の菌を取り込んだ多糖類の膜、バイオフィルムが形成されます。歯の表面で生じたバイオフィルムを、とくにデンタルプラークと呼びます。ヒトは、唾液に加え歯磨きという習慣で虫歯になるのを極力防いでいますが、歯ブラシの届きづらい歯の間の狭い部分や歯周ポケットは、バイオフィルムができやすい場所ということになります。

食道は、口の中や腸と比べると、常在する微生物の数が比較的少ない部位です。これは、歯周ポケットのような微生物が隠れやすいところがなく、また、常に唾液や咀嚼された食物が通り抜けていて定着しづらいためです。内容物1グラムあたりに含まれるバクテリアの数を比較してみると、口で約1000億、小腸で1万から100万、大腸で約1兆であるのに対し、食道では100から1万程度です。食道の菌叢は口と似ていて、乳酸菌ではストレプトコッカスのなかまが見つかっています。

微生物は口から食道、胃を経由して腸にたどり着くまでに、唾液や強い胃酸と胆汁にさらされ、大きなダメージを受けます。食品に含まれる乳酸菌もほとんど死滅してしまいますが、なかには生きて腸まで届くタフな乳酸菌もいます。小腸は消化により分解され吸収しやすくなった栄養素が豊富にありますから、微生物にとっても生育にかっこうの環境といえます。また、大腸には人間が消化できず利用できない成分が流れてきます。これを栄養素として活用することができる微生物にとって大腸は、天国のようなところのはずです。

しかし人間の腸には、バクテリアに極端に栄養素を横取りされないようなしくみが備わっています。例えば、上皮組織には杯細胞と呼ばれる細胞があり、ムチンという糖タンパク質でできた粘液を分泌し、厚い層を作っています。このムチン層は、小腸では100~200マイクロメートルほどの厚みですが、大腸では700マイクロメートルに達します（乳酸菌の大きさが数マイクロメートル）。ムチン層は微生物を絡めとって便として排泄する役割があり、常に新しいものと入れ替わっています。

また腸管では、分泌型IgAという抗体（免疫グロブリン）が放出されていて、微生物と結合して体外に排出する働きがあります。しかし、このような微生物にとって過酷な状況下でも、ムチンや腸の上皮細胞の表面にまでたどり着いて定着し、増殖するものもいます。

人間の腸内では、限られた空間と栄養素を巡って微生物どうしのし烈な生存競争が繰り広げられています。そしてその結果、多様性の広がりをもつ腸内細菌叢が形成されます。腸内細菌叢は微妙なバランスの上に成り立っているため、食事や体調、あるいは加齢などの変化によって簡単に変化することもあります。また、乳酸菌に限らず、消化管も含めヒトの体表に常在するバクテリアの菌叢は、個人個人でそれぞれ異なることが明らかとなっています。

【杯細胞（さかずきさいぼう）】
腺上皮、ことに腸管や呼吸器などの粘膜上皮に多い、粘液を作り、分泌する単細胞腺。下部が細く杯の形に似ていることから名がつけられた。

【細菌叢（さいきんそう）】
ある環境下で生息する多様な細菌の集合。ヒトや動物の腸内の細菌叢は腸内細菌叢といい、「腸内フローラ」と呼ぶこともある。

赤ちゃんと乳酸菌

赤ちゃんはお母さんのおなかの中で、強靭な羊膜にくるまれ、その中に満たされた羊水に浮かんで次第に大きくなります。羊水の中に微生物は存在しないので、赤ちゃんも微生物にまったく汚染されていない、まっさらな状態で子宮から出てくると考えられていました。赤ちゃんは分娩時に産道を通りますが、その際に、母親の膣に住んでいた乳酸菌が赤ちゃんへと移行するというのが、これまでの考え方です。

しかし最近になって、赤ちゃんの胎便と大便からバクテリアが見つかり、その中からビフィズス菌を含む放線菌門、大腸菌などを含むプロテオバクテリア門、それに乳酸菌が含まれるフィルミクテス門に属する菌が見つかりました。

胎便はメコニウムともいって、赤ちゃんが授乳前に、生まれて初めて出すうんちのことです。ここでは、これに対し授乳開始後の便を大便とします。具体的な経路はいまだ不明ですが、お母さんに住みついたバクテリアが、おなかの中にいる赤ちゃんへ移行している可能性が考えられます。

このことを報告した論文では、胎便ではフィルミクテス門に属する菌の割合が高いのに対し、大便ではプロテオバクテリア門の割合が高くなっているとしています（放線菌門の菌の割合は個人差が大きく、一般的な傾向は見られなかったとあります）。

つまり、お母さんのおなかの中にいるときから、赤ちゃんの消化管内にはすでにバクテリアが存在し、授乳をきっかけにして、その菌叢が変化するようなのです。

また、おっぱいの中にも、乳酸菌はいくらか存在します。したがって、お母さんから赤ちゃんへの乳酸菌の受け渡し（垂直伝播といいます）は確かに存在し、それは、赤ちゃんがお母さんのおなかの中にいるとき、お産までの間、それに分娩後の授乳によって行われているようです。いずれの経路も、赤ちゃんの腸内細菌叢形成に大きな影響を与えていると考えられますが、大便中ではフィルミクテス門に属する桿菌の割合が減少するので、母乳の影響は乳酸菌の増殖については小さいと考えられます（ただし、ミルクオリゴ糖を栄養素として利用することのできるビフィズス菌は別です）。また、胎便から検出された乳酸菌が、胎児の健康へどのような影響を及ぼしているかについては、現在はまだわかっていません。

4-6 おなかに住む乳酸菌とヒトの健康

おなかの調子を整える

乳酸菌などのバクテリアは、最初、おそらくはお母さんから赤ちゃんに直接渡されます。その後、食事などの短期的な要因や、加齢などの長期的な要因により、ある程度構成は変化するものの、一定数の菌が体内には住み着いています。最近の研究によって、腸内細菌叢は人それぞれで異なること、また腸内のバクテリアは、ヒトが摂取した栄養素をただ拝借するだけでなく、さまざまな代謝産物を作り出し、ヒトの免疫系や病気とも深いかかわりがあることが次第に明らかとなっています。乳酸菌はそうした巨大な腸内細菌叢の一部に過ぎませんが、ヒトの健康に大きく貢献すると考えられており、その方面での研究が進んでいます。私たちのおなかに住む乳酸菌は、その宿主である人間の健康とどのような関係にあるのでしょう。

人間は生きていくために食べなければなりません。食べものを効率よく100％吸収できればよいのですが、不要なものもあり、どうしても残ってしまうので、便として排出しています。食べることもですが、排泄も常に快適でありたいものです。しかし残念ながら、私たちは下痢や便秘に悩まされてしまいます。

そもそも、どうしておなかは調子が悪くなるのでしょうか。その理由として大腸のぜん動運動が何らかの理由で高まったり、低下したりすること、それに腸の内容物が異常発酵することなどが挙げられます。そして、おなかの調子が悪いときには腸内細菌叢も平常時とは異なります。

腸内細菌叢が乱れることでおなかを壊すのか、またはおなかが壊れたから腸内細菌叢が乱れるのか定かではありません。一部の乳酸菌には、こうした乱れた腸内細菌叢を元の状態に近づけ、下痢や便秘の症状を緩和する効果があることが知られています。これは、乳酸菌が作る乳酸やバクテリオシン（細菌類が生みだす抗菌活性をもったタンパク質やペプチド）の効果で、いわゆる悪玉菌の増殖が抑えられるためです。

また、腸内細菌の中にはおなかの調子を整える効果をもつものもあります。例えば、便秘に処方される漢方薬に「大黄」というものがありますが、これに含まれる薬効成分センノシドは、分解

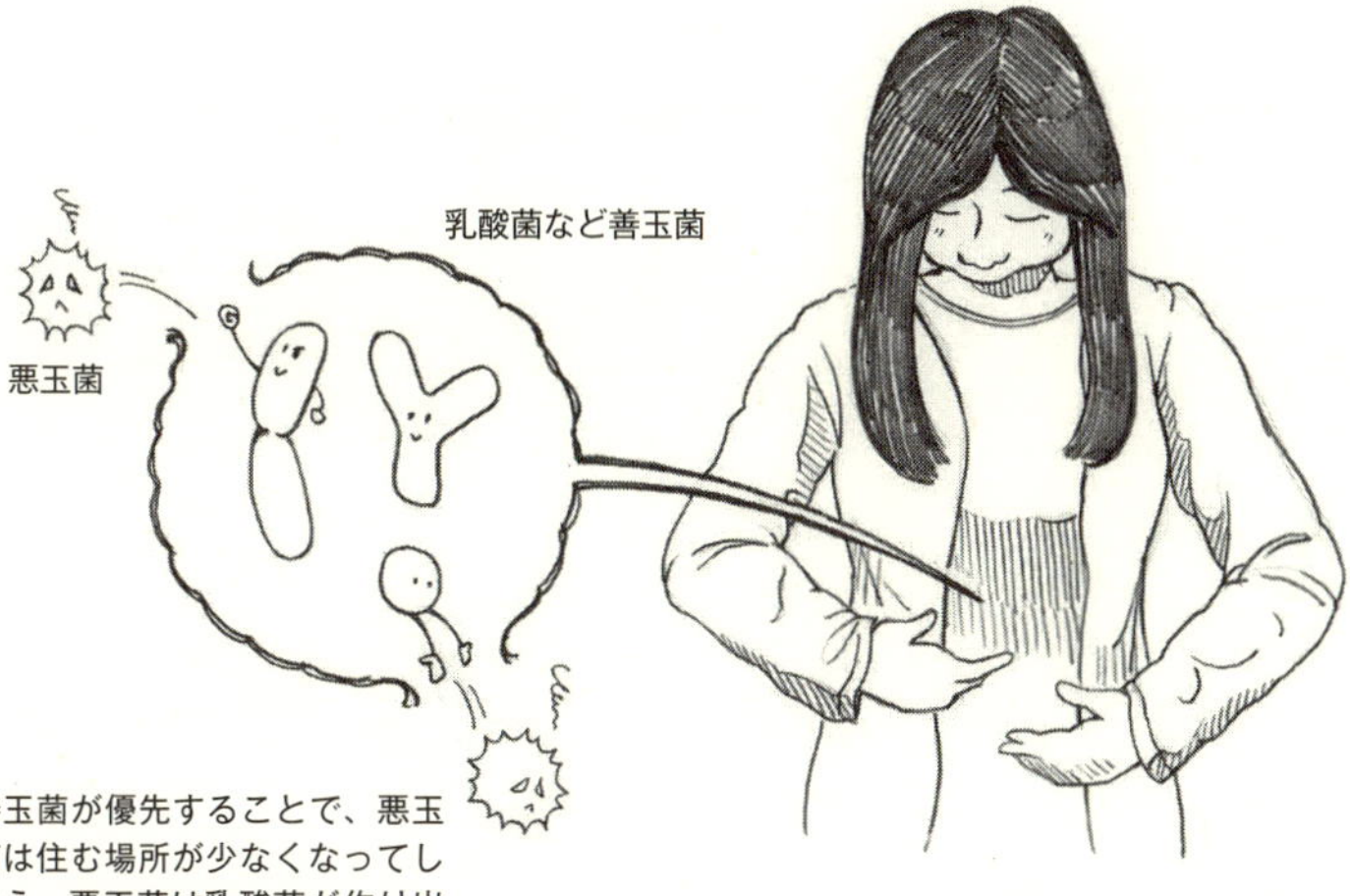

善玉菌が優先することで、悪玉菌は住む場所が少なくなってしまう。悪玉菌は乳酸菌が作り出す酸性の環境にも弱い。

されてレインアンスロンになることで腸のぜん動運動を活性化します。ある種のビフィズス菌はセンノシド分解活性をもち、マウスを用いた実験では、この菌とセンノシドを与えると、腸のぜん動運動を活性化することが確認されています。

【大黄】
タデ科ダイオウ属の植物の根や根茎から作られる生薬。緩下（かんげ）、消炎、健胃および駆瘀血（くおけつ）作用などがある。

免疫を調節する働き

乳酸菌やビフィズス菌が住む腸管は、人間にとっては食べものから栄養素を取り込む器官であると同時に、口から侵入した病原菌と戦う生体防御の最前線でもあります。そのため、さまざまな免疫細胞が働く腸管免疫系が発達しています。分泌型IgAは、すでにお話ししたように悪玉菌を体外に排出し、腸内細菌叢の多様性を確保するという役割ももちます。

そして、バランスのよい腸内細菌叢は腸管免疫系の発達を促して、分泌型IgAを作り出す能力を高めるということが最近の研究により明らかとなりました。腸内細菌叢と腸管免疫系の間には、お互いに協力し合って人間の体を守る双方向型の制御機構が存在しているのです。

乳酸菌の中にも、腸管免疫系に働きかけ、その機能を調節するものがあります。マウスを用いた実験ですが、ある乳酸菌を与えると、分泌型IgAの生産量が増加することから、悪玉菌の排除や腸内細菌叢を健全化する助けとなる可能性が指摘されています。また、乳酸菌が作り出す代謝産物に免疫を調節する働きがあることも示唆されています。

乳酸菌の中には、さまざまな形で人間の免疫系に影響を及ぼすものが存在し、アレルギー性疾患の制御や、クローン病などの炎症性腸疾患の治療を主な目的として研究されています。

血圧を下げる働き

乳酸菌が乳タンパク質を分解すると、血圧を下げる作用をもつペプチドがいくつもできますが、これら以外にも、乳酸菌の代謝産物や菌体成分そのものにも血圧を下げる働きのある物質が見つかっています。

グルタミン酸から「グルタミン酸脱炭酸酵素」が働くことで作られるγ‐アミノ酪酸（gamma-aminobutyric acid：GABA）は、吸収されると末梢の交感神経を抑制し、血管収縮作用のあるノルアドレナリンの分泌が抑えられます。そのため血圧が低下すると考えられています。乳酸菌の中にはグルタミン酸脱炭酸酵素をもち、GABAを産生するものがいます。

また、乳酸菌そのものから抽出された細胞外多糖と糖ペプチドの混合物にも血圧を下げる働きのあることが報告されていますが、詳しいことはまだわかっていませんが、この混合物には血管を拡張する作用が見られるので、その結果、血圧が下がると考えられています。

脂質代謝を改善する働き

ヨーグルトを食べることで血中脂質が低下するという報告が多くあります。しかし、乳酸菌だけを投与した実験では結果はまちまちで、必ずしも同じ結果が得られるとは限らないようです。

また、人間の体内には、乳酸菌以外にも役割のよくわかっていないバクテリアが数多く存在していて、乳酸菌と腸内細菌叢とが影響を及ぼし合って、期待したような効果が得られないこともよくあります。

乳酸菌が脂質代謝を改善するメカニズムとして、次のような仮説が提唱されています。まず、菌自体が直接、コレステロールや胆汁酸と結合し、糞便中へ排出されることで、人の体へ脂質が取り込まれるのを抑制するというしくみです。実験では、ラクトバチルス・ガセリやビフィズス菌の菌体の表面にコレステロールが吸着することが確かめられています。

また、肝臓で作られる胆汁に含まれる胆汁酸は、食べものに含まれる脂質の消化吸収を助けています。胆汁酸には毒性があって、通常、無毒の抱合胆汁酸として存在し、さらに抱合胆汁酸は腸内細菌の影響で、二次胆汁酸と呼ばれるものに変化します。二次胆汁酸は小腸で吸収されて肝臓に戻り、再利用され、一部は排出されます。

乳酸菌が胆汁酸を結合することで体外への排出量が増えると、肝臓では新しく胆汁酸を生合成しなければならないのですが、ここでコレステロールが利用されます。そのため血中コレステロールが低下すると考えられています。

次に、水溶性食物繊維の影響の効果です。乳酸菌の中には、水溶性食物繊維を分解し、短鎖脂肪酸を分泌するものがいます。短鎖脂肪酸がヒトの体内に取り込まれると、肝臓でのコレステロール合成が抑制される可能性があり、その結果、血中コレステロールが低下するのではないかと考えられています。

がんの発症を抑える働き

人間は、紫外線やさまざまな化学物質などに日々さらされ、DNAが傷つけられています。DNAが壊れると細胞のがん化や老化を引き起こしますが、生物はこれを修復するしくみをもっています。

乳酸菌の中には、DNA損傷を引き起こす変異原性物質の働きを抑制したり、消し去ったりするものがいることが知られています。悪玉菌の中には、いわゆる発がん関連酵素を分泌するものがいて、この酵素が腸内で変異原性物質を生成します。乳酸菌

【発がん関連酵素】
がんの発生に関係しているとされる、または疑いのある酵素のこと。

は、pH低下や悪玉菌の生育する空間を奪い合うことなどで悪玉菌の増殖を抑え、ひいてはがんの発症を抑えることが期待されます。

また、ラクトバチルス属菌やビフィズス菌の中には、発がん関連酵素を不活性化する働きのあるものが見つかっています。例えば、ラクトバチルス・カゼイやラクトバチルス・アシドフィルスには、β-グルクロニダーゼ、アゾレダクターゼ、ニトロレダクターゼといった酵素の活性を弱めるものがあります。また、ビフィズス菌であるビフィドバクテリウム・ロンガムの一種は、β-グルクロニダーゼの活性を阻害し、マウスに大腸がんを強く起こさせる変異原性物質アゾキシメタンの活性化を抑えます。その結果、大腸がんの前段階である「異常腺窩巣」ができづらくなります。また、発がん関連酵素の抑制ではなく、変異原性物質により引き起こされるDNA損傷を防ぎ、がんの発生を抑制する乳酸菌の存在も報告されています。

病原性微生物からヒトを守る働き

人間の体に害を及ぼす病原性微生物には、ウイルス、バクテリア、真菌、原虫などがあります。乳酸菌の働きで、このうちウイルスとバクテリアに対して感染からの防御や、症状の緩和を期待できることが知られています。

ウイルスでは、とくに乳幼児でひどい嘔吐や下痢を引き起こすロタウイルスに対し

【ウイルス】
DNAかRNAどちらかをもち、細胞内で増殖する感染性の微小構造体。20～300ナノメートルととても小さい。細胞壁をもたず、タンパク質の合成はしないなどの点で細菌とは異なる。

【バクテリア】
真正細菌。原核生物のうち、古細菌以外の菌の総称。大腸菌、枯草菌、シアノバクテリアなどを含む。地球上のあらゆる場所に存在している。

【真菌】
カビや酵母などを含む生物群。単細胞のものから多細胞のものまで、その形はさまざま。生活史も多様でほかの生物と共生するものも多い。そのうちの、担子菌類が胞子を外生する器官がキノコである。

【原虫】
単細胞の微生物ゾウリムシやアメーバもこのなかま。ある種の原虫は人や動物に寄生して重い病気を引き起こす。

て効果が知られています。例えば、ビフィズス菌の一種、ビフィドバクテリウム・ビフィダムとサーモフィルス菌を与えると、下痢をしている赤ちゃんの割合が31％から7％にまで減少し、また、ロタウイルスの検出率も39％から10％にまで下がったことが報告されています。

乳酸菌は赤ちゃんの免疫系を刺激し、ロタウイルスに対する抗体の産生を助けたことが主な原因であると考えられています。ほかにも、ラクトバチルス・ラムノサス、ラクトバチルス・ロイテリ、ラクトバチルス・アシドフィルス、ビフィドバクテリウム・インファンティスなどでロタウイルスによる下痢を抑える効果があるとされています。

また、マウスを使った実験では、乳酸菌がインフルエンザに効くことが確認されています。

呼吸器に感染するインフルエンザウイルスに、なぜ乳酸菌が効くのか、疑問に思われる方がいるかもしれませんが、腸管免疫系と全身免疫系は密接に関係しています。乳酸菌はおなかの中で腸管免疫系に影響を与え、それが消化管から離れた肺などの呼吸器での抗体産生にも影響を及ぼします。その結果、肺におけるインフルエンザウイルスの増殖が抑制されるのだと考えられています。残念ながら、人間ではまだその効果は実証されていませんが、今後の研究に期待したいと思います。

乳酸菌が多くのバクテリアに対して抗菌作用を示すのは、1つは乳酸の分泌により周辺環境のpHを低下させるためです。乳酸などの有機酸は、バクテリアの細胞膜を透過して菌体内に侵入することが知られており、侵入後、菌体内でプロトン（水素イオン、H^+）を解離して菌体内のpHを低下させます。するとバクテリアはプロトンを菌体外へ排出するためにエネルギーを使い、さらに菌体内で働いているさまざまな酵素がダメージを受け死んでしまうのです。

もう1つは、乳酸菌が抗菌物質バクテリオシンを作るためです。バクテリオシンが効くバクテリアは限られており、効果が期待できるpH範囲もそれほど広くないといった欠点もありますが、生分解性であり、環境にやさしい天然抗菌物質として、とても有用です。とくに、重症化すれば死に至ることもある食中毒原因菌のひとつ、リステリア菌に対して高い抗菌活性を示すものもあり、食品への利用が期待されています。

バクテリオシンが抗菌活性を示すメカニズムは、いくつかあると考えられています。例えばバクテリアの表面にある特定のレセプターと結合し、バクテリアを守っている強固な細胞壁ペプチドグリカンの合成を阻害して、さらに菌体表面に穴をあけ、この穴から菌体内容物が漏れ出すことで、バクテリアを死に至らしめるようなものがあります。

乳酸やバクテリオシンは、乳酸菌が腸内で悪玉菌との戦いに勝ち残るための飛び道具のようなものと考えていいのかもしれませんが、私たち人間は、健康維持や食品の保存などにうまく利用しようとしているのです。

真菌に関しては、女性の膣カンジダ症の原因となるカンジダ菌を、主としてラクトバチルス属の乳酸菌から構成される細菌群、デーデルライン桿菌が抑え込んでいます。

【バクテリオシン】
バクテリオシンは一般に、デヒドロアラニンやランチオニンなどのような、通常タンパク質には使われない異常アミノ酸を含むクラスⅠ（ランチビオティクスとも呼ばれる）と、異常アミノ酸を含まないクラスⅡに分類される。構造的特徴などを元に、クラスⅡはさらにクラスⅡaからクラスⅡcに細かく分けられている。

これはあくまでデーデルライン桿菌が膣内で優勢であるためで、何らかの原因でその勢いが落ちれば、逆に常在菌であるカンジダ菌の勢いが増してしまいます。というのも、乳酸菌が作り出す乳酸でダメージを受けるのはバクテリア、すなわちグラム陰性菌とグラム陽性菌であり、また、バクテリオシンはグラム陽性菌に対してのみ抗菌活性を示し、カンジダ菌には効かないためです。ただし、ヘテロ型の発酵形式をもつ乳酸菌やビフィズス菌が作り出す酢酸には、真菌をやっつける活性があるといわれています。

一方、抗原虫作用に関しては、ニワトリに感染する原虫のオーシストを乳酸菌が減らすといった報告もありますが、研究事例が少ないため、よくわかっていないというのが現状です。

【ヘテロ型】
乳酸のみを生じる発酵をホモ乳酸発酵、乳酸だけでなくエタノールと二酸化炭素を生成する発酵をヘテロ乳酸発酵と呼ぶ。乳酸菌には、ホモ乳酸発酵をするものと、ヘテロ乳酸発酵をするものがある。

4-7 乳酸菌の潜在的健康リスク

乳酸菌は体にいいばかり？

これまでプロバイオティクスとしての乳酸菌について、いかに私たちにとって有益かということを中心に述べてきました。ここまで読まれた皆さんは「乳酸菌を摂っていれば誰でも健康で寿命がのびること間違いなし」と思われるかもしれません。しかしながら残念なことに、そうとも言い切れないのが実情です。

国際連合食糧農業機関（ＦＡＯ）とＷＨＯの共同作業部会は、２００６年、「食品に用いるプロバイオティクスに関するガイドライン」を発行しています。じつは、この中には、プロバイオティクスのヒトへの安全性に関する記述もあります。

プロバイオティクスとは、そもそも「宿主に健康上の利益をもたらす」もののはずです。従来、長い食経験やヒトの常在菌であることから、ミュータンス菌などごく一部を除き、乳酸菌は「一般に安全と認められるもの」として認識され、プロバイオティ

【ＦＡＯ】
Food and Agriculture Organization of the United Nations の略。

【食品に用いるプロバイオティクスに関するガイドライン】
Probiotics in food : Health and nutritional properties and guidelines for evaluation。

クスとみなされてきました。しかし、研究が進むにつれ、プロバイオティクス乳酸菌と思われてきたものの中にも、非常に稀ではあるのですが、場合によってはヒトの健康に危害を及ぼす可能性をもつものもあることがわかってきました。

例えば、大動脈弁置換術の術前の支持療法としてラクトバチルス・ラムノサス3菌種のカクテルを6週間にわたって大量に与えた（乳酸菌100億個を1日2回、あるいは20億個を1日3回）ところ、患者は術後に敗血症を起こしてしまいました。このケースでは、幸い適切な治療のおかげで回復し、退院することができましたが、過去この患者は、大動脈弁狭窄症を起こしており、手術前の時点で感染性心内膜炎の疑いがあったため、抗生物質の投与を受けていました。

おなかのバリア機能や免疫力が弱くなった状態では、乳酸菌が消化管内から血液中に移行し、かえってそこで増殖してしまうということが起こったのです。こうした特殊な事情の影響によるものではあったものの、敗血症の原因がラクトバチルス・ラムノサスであるとわかり、大きな物議を醸しました。

このような免疫機能の低下に伴う常在菌の感染は、日和見感染と呼ばれます。実際、心内膜炎や敗血症の病巣から検出された乳酸菌を挙げると、ビフィズス菌も含め、プロバイオティクスとして利用されているほとんどの菌種が挙がります。もちろん病巣から検出されたからといって、必ずしもそのバクテリアが病気の起因菌であるとは限りませんし、日和見感染であれば宿主の健康状態によるところが大きいわけですが、やはり気になるところです。また、同じ菌種の乳酸菌でも、菌株が異なれば性質がず

【敗血症】
感染症の原因である細菌やウイルス、真菌が、血液中に入り、細菌感染症が全身に波及する生命を脅かす臓器障害。

いぶんちがうことがあるということも難しい側面です。同じラクトバチルス・ラムノサスでも、ラクトバチルス・ラムノサス・○○株は日和見感染するが、ラクトバチルス・ラムノサス・××株はしない、ということもあり得るのです。

乳酸菌には、いまだ明らかになっていない多くの事柄があります。例えば、乳酸菌は菌体の表面にさまざまなタンパク質を配置して宿主に接着しようとしますが、こうしたタンパク質の中には、病原性細菌の宿主接着に使われるのと同じものがいくつも存在します。宿主へ接着するメカニズムに関しては、病原性細菌と乳酸菌は多くの部分で共通しています。また、乳酸菌も含めヒト体内におけるバクテリアの移動（トランスロケーション）にも不明な点が多く、既存の考えが通用しない場合があります。

一例を挙げますと、これまでは母乳中のバクテリアは、お母さんの皮膚や赤ちゃんの口の中に住むものが、哺乳時に乳房へと逆流したものだと考えられていました。しかし、最近の研究によってこの説は否定され、お母さんの消化管内に住む乳酸菌が末梢血単核細胞に取り込まれておっぱいへと移行することが示されました。

今のところ、口から摂取した乳酸菌が、免疫力が低下している、妊娠中である、メタボである、などなど諸々の状態にある人間の体内でどのように移動していくのか、完全には明らかとなっていません。今後、乳酸菌のいろいろな性質が明らかにされるにつれ、その安全性に関するガイドラインも見直されていくことでしょう。

健常な大人であれば、市販の発酵乳製品を適量摂取しても何ら問題はないと考えられますが、免疫系が充分に機能していない、赤ちゃん、お年寄り、または闘病中の方などは、乳酸菌を含む食品を過剰摂取しないなどの注意が必要でしょう。またそのような方々は、特性がはっきりしていない乳酸菌を摂取するのも、控えた方がよいといわざるを得ません。薬も摂り過ぎれば毒となります。乳酸菌やビフィズス菌も同じで、日常生活の中では、自身の健康状態を把握した上で、適度に嗜むのがよいのではないでしょうか。

4-8 ヒトと乳酸菌の未来

乳酸菌との共生

ヒトと乳酸菌は共生関係にあります。いつ頃から乳酸菌がヒトの消化管内に住みつくようになったのか定かではありませんが、現在、ヒトはずいぶん乳酸菌のお世話になっており、これが近い将来、大きく変わるということはなさそうです。当然の話ですが、今までも、そしてこれからも、乳酸菌がヒトの健康について気遣い、何か具体的なアクションを起こしてくれることはありません。これに対し、ヒトは一方的に、自分が健康で長生きするために役立つものとして、乳酸菌を認識しています。

また、乳酸菌をある程度コントロールできるようにもなってきています。その結果、日和見感染など思いがけない不利益を被るリスクが増えているわけですが、将来にわたってヒトと乳酸菌が良好な関係を続けるには、乳酸菌の性質について、私たちがより一層理解を深めることが最も肝要です。これからも、乳酸菌の利用可能性は、食品関連分野と医療関連分野に主として見出すことができます。その展望についてお話しします。

食品関連分野における乳酸菌の応用

発酵食品の風味や保存性を改善するために利用されてきた乳酸菌の利用の試みは今後も続くことでしょう。例えば、苦みの少ないチーズの開発や、保水性の高いパン種の開発などが挙げられます。また、乳酸菌そのものではなく、乳酸菌が作り出すタンパク質や細胞外多糖など有用物質の利用も進むと予想されます。なかでも、バイオプリザバティブとしてのバクテリオシンは有望です。乳酸菌の作り出す細胞外多糖は、さまざまな物性や生理活性を示すことが知られています。

ただし、産業的利用には生産量を飛躍的に増加させる必要があります。乳酸菌の代謝系を調節、あるいは組み換え体を作製することによって、ジアセチルといったフレーバー成分や、アミノ酸の1つL‐アラニンの大量生産が試みられています。

乳酸菌やビフィズス菌の健康機能性を利用し、社会的に問題となっている疾病リスクを減らすことを目的に作られた発酵乳製品は、たくさんあります。ざっと見ても、整腸作用、血圧低下作用、脂質代謝改善作用、アレルギー改善、花粉症対策、プリン体低減作用、骨強度増強作用、インフルエンザ感染予防、病原菌感染防御、発がんリ

【バイオプリザバティブ】
病原性微生物の食品への混入を防ぐために用いられる生きもの、またはその代謝産物。

スク低減、ストレス低減……といった具合です。間違いなく、今後もこの傾向は続いていくでしょう。すでに一部商品化されたものもありますが、近い将来、加齢性疾患や生活習慣病、あるいはメンタルヘルスに効くと謳われるような（人間関係が憂鬱な方に、といった）製品を店頭で見かけるようになるかもしれません。また、個人の腸内細菌叢を今よりもっと簡単に解析できるようになれば、その人に合ったオーダーメードヨーグルトといったものを作ることが可能になるかもしれません。

医療関連分野における乳酸菌の応用

前段でも触れましたが、乳酸菌にはさまざまな機構でヒトの免疫系に影響を及ぼすものがあり、その性質を利用して、アレルギー性疾患や炎症性腸疾患に対する治療の試みが、すでに始まっています。また、乳酸菌には、原因不明である慢性疲労症候群の情動性症状を緩和する効果を示すという報告もあり、今後さらに研究が進めば、乳酸菌が治療目的で適用可能な病気が増えるかもしれません。前節でお話ししたとおり、病気の方は免疫力の低下が著しい場合が多く、治療目的での乳酸菌の使用には、細心の注意が必要ではあります。

また、乳酸菌は組み換え体技術や、化学修飾法を用いて菌体表面にさまざまなタンパク質や糖鎖などを提示させることが可能です。このような技術を利用して、乳酸菌を標的細胞への薬剤運搬体として利用する試みや、ワクチンとして利用する試みがなされています。

再生医療の切り札として、現在、精力的に研究が進められている人工多能性幹細胞いわゆるｉＰＳ細胞は、細胞の初期化を引き起こす4種類の遺伝子（山中ファクター）の働きを利用して、体細胞から多能性幹細胞を作り出した（リプログラミング）ものです。

これに対して最近、乳酸菌を用いた実験で皮膚細胞のリプログラミングが報告され、話題となっています。まず、タンパク質を取り除くための薬剤でヒト皮膚細胞を処理し、その後、乳酸菌を加えると、乳酸菌は細胞内に取り込まれます。乳酸菌を取り込んだ細胞は多能性を示すマーカー遺伝子を発現し、数種類の細胞へと分化する能力を獲得していることが確認されたのです。メカニズムや実用化の可能性などまだ詳細は不明ですが、乳酸菌の新しい利用法として、注目に値します。今後、多くの研究者の熱意によって、思いもかけない乳酸菌利用の地平が開かれることを期待したいと思います。

OPPAI COLUMN

おっぱいの神様

川嶋隆義
TAKAYOSHI KAWASHIMA

人々は古来より、女性や男性をシンボリックに表す対象を信仰してきました。日本をふくむ世界中のさまざまな場所、時代でそうした信仰が見られ、そのなかには、おっぱいを信仰するものもあります。

北海道十勝郡浦幌町には、「乳神神社」という神社があります。神社の縁起によると、この地方の山中に、おっぱいのような2つのこぶがあるナラの大木があったそうです。あるおばあさんが孫のために、母親がたくさんおっぱいを出しますようにと、その木に祈ったところ、願いが叶ったというのが、信仰の始まりです。

この木は残念ながら倒れてしまいましたが、こぶの部分は残り、ご神体として浦幌神社にお祀りしたということです。また、こちらには「乳石」という浦幌町で発見されたおっぱいのような形の石が奉納され、触ると、乳授け、子宝、安産など御利益があるとのこと。

ほかにも、岡山県の軽部神社や、愛知県小牧市の龍音寺・間々観音、香川県普通寺の赤門七仏薬師などは、おっぱい絵馬を奉納することで知られています。また、熊本県の潮神社では、産前産後に乳房を型どったものを作って奉納すると、おっぱいの出がよくなるといわれています。

いずれも乳授け、安産、子の乳離れなどの御利益があると信じられていますが、哺乳類という動物群にとっては、子孫を増やし、種族の繁栄につながる願いでもあります。おっぱい信仰は、哺乳類としての種族維持の本能が表れたもの、といってもいいのかもしれません。

乳神神社の乳石（写真：浦島 匡）。

CHAPTER 5

乳利用の歴史

HISTORY OF OPPAI UTILIZATION.

並木美砂子

5-1 おっぱいを与えてくれた動物たち

最初の家畜たち

人類は、ほかの動物のおっぱいをもらって栄養にする、珍しい動物です。しかも、ただおっぱいを栄養源として飲むだけでなく、さまざまな食品に変化させたり、料理に使ったりもしています。おっぱいは、一方で私たちの生活を豊かにしてくれているともいえます。ほかの動物のおっぱいと人類の関係は、どのように始まり、どのように発達したのでしょうか。ここでは、おっぱい利用の歴史についてお話しします。

人類は、2万年も昔に、オオカミを祖先種とするイヌとの共同生活を始めました。これが動物との共同

ベゾアール

【反芻獣】
反芻をする動物。ウシ、ヤギ、ラクダ、ヒツジ、キリンなど。反芻は、一度飲み込んだ食物を再び口に戻して咀嚼し、また飲み込むといったことを繰り返す消化形態。偶蹄目の動物で見られ、反芻胃という3～4個の部屋のある胃をもつ。

生活の始まりなわけですが、その後の1万年ほど前、今のイラン、イラクの国境沿いのザグロス山脈で、ベゾアールという反芻獣をもとにヤギの家畜化が始まりました。少し遅れて、北東中央アジアのアルガリ、南東中央アジアのムフロン、その西のウラル地方のウリアルを祖先種として、ヒツジの家畜化が始まりました。またウシは、ユーラシア大陸に広く分布していたオーロックスを祖先種として、だいたい７０００年前くらいに、主に西南アジアで家畜化に成功したといわれています。

　アジアで広く農業用や食用に飼育されているスイギュウは、アジアスイギュウを祖先種として、約４０００年前にインドから東南アジアで、ラクダは、まずヒトコブラクダが４５００〜５０００年前に西南アジアで、約４５００年前には現在のイラン東部でフタコブラクダも家畜化がはじまり、それがモンゴルや中国の乾燥地帯にも伝播していきました。

　これらの動物たちからは、肉、使役、毛、皮革の利用とともに、おっぱいももらって利用していたと考え

られます。

ウマについては、馬具の出土状況からみて、荷物の牽引のためというのが第一の目的で、やがて騎乗が始まったと考えられています。最終的に肉もいただいたことでしょうが、運搬と長距離移動の手段としてお世話になったようです。

オーロックス

5-2 どうやっておっぱいをいただいたのか？

搾乳のはじまり

ウシ、ヤギ、ヒツジなどの家畜化の目的は、当初、肉や皮革だったわけですが、ヤギやヒツジは、1年に一度、せいぜい2頭の仔しか生まれないのが普通です。ウシも妊娠期間が274日と長く、1年に1頭生まれるのがやっとですし、大人になって子どもを生むようになるまでに2年以上はかかりましたから、食肉だけを目的にしてしまうと、群れを食べ尽くしてしまう可能性もあります。

だからこそ、食べる分は常に増やし続けていくことが必要になります。生まれた子どもがちゃんと大きくなって、次の子どもを生んで増えていくことがとても大事なことだったはずです。

ウシやヤギは、ほぼ同じ時期に子どもがたくさん生まれますので、狭い場所で出産が始まるときなどは、生まれた子が大人に押しつぶされてしまわないよう、例えば、囲いを作るなどして、注意深く人が世話をしていったことでしょう。母親が死んでしまったこともあったでしょうから、大事な子どもを、人が介在して育てる機会も増えていったはずです。ほかの母親から搾ったおっぱいを、母親を失った赤ちゃんに与えて育てることもあったにちがいありません。

こうして、はじめは動物の繁殖効率を上げるための「搾乳」をきっかけに、人々は乳利用を覚えたのではないかと考えられています。

そもそも、哺乳類の「乳」は、自分の子どもを育てるために母親が出すもので、食べものを咀嚼できるようになるまでを支える、タンパク、糖、脂肪の栄養素が含まれた完全食です。しかも、哺乳期間には、最終的に成獣が食べるものと同じものを食べられるよう、成長の度合いに応じて、そのおっぱいの組成は少しずつ変わっていって、離乳の時を迎えるのです。

哺乳類の種の存続にとっては、自分の子以外に与える余裕があったわけではないでしょうが、乳は、乳首を吸われるという、子からの吸引刺激があって分泌が促されるため、もし、親が子に乳を与えている時に、空いているほうの乳首に吸引刺激を与えれば、「乳」を横からもらうことができるわけです。その方法を最初に思いついた人類、すごいですね。

このように、かつて野生動物の狩猟によって動物性タンパクや脂肪を得ていた人類は、家畜を飼い、その肉を確保することに加え、家畜たちからおっぱいを「横から」いただくことで、いっそう効率的に良質の動物性タンパクその他の栄養を得ることに成功してきたといえます。実際、牧畜研究によれば、ケニアのトゥルカナ牧畜民は食糧の60％以上を乳に依存しており、現在でも多くの牧畜民は、主な栄養を家畜のおっぱいから得ています。

4～5千年前のエジプトやメソポタミアの壁画やレリーフには、乳搾りのようすが描かれたものがある。

5-3 乳利用の移り変わり

栄養を無駄なく保存する

このようにして、1万年以上も前に中東で始まったヤギやヒツジの家畜化、引き続くウシの家畜化に伴い、乳利用文化は中東から西はヨーロッパへ、東は現在のインド方面と中国やモンゴルに伝わっていきました。この東ルートは、シルクロードと重なります。

さて、乳の利用については、考古学、歴史学、民俗学、畜産学、料理法研究、動物と人の関係研究など、さまざまな研究分野において重要なテーマとされてきました。ご存知のように、乳首から子が吸っているときのおっぱいは、空気に触れることなく体内に吸収されるわけですが、人の手で搾ったおっぱいはそのまま空気にさらして放置していれば、やがて好気性細菌の餌食になってどんどん変質してしまいます。

ですから、乳利用の特徴は、どうしたらその豊かな栄養素を無駄なくうまく利用し続けていけるか、という工夫に表れます。

少し詳しく見ていきますと、搾乳後の処置のしかたには、大きく分けて、発酵と濃縮の2つの方法があり、さまざまな製品へと変化していきます。発酵乳は、基本は「スタータ―」（発酵乳を作る「種」のような乳酸菌群）を使用し、分離された固形物（カード）と乳清（ホエー）どちらも有効利用します。濃縮乳は、単純にいえば、とろ火で煮詰めて利用します。

脂肪分利用ということでは、搾乳後の生乳を静置後、表面に脂肪分の多いクリームが浮いてきますので、このクリームを回収し、何度もかき回して脂肪の固まりを集めることも行われました。それがバターです。この製法は寒冷な地域に発達しました。かき回すことを「チャーニング」といいますが、チャーニングに使った道具の大きさも形もさまざまです。

火の利用で腐敗を防ぎながら、固形物と液体とに分ける、空気中の乳酸菌や動物の胃袋からとった酵素の力を借りる、あるいは強い攪拌といった物理的な力を加えて固形物を取り出すなど、さまざまな製造法がある上、保管方法も、寒暖や乾湿といった、その土地の気候風土に合わせて工夫がなされたわけです。

しかも、ウシ、ヤギ、ウマでは乳成分組成が異なりますし、子どもの成長に合わせて変化しますので、その組成のちがいも乳製品の多様性に関連していると思われます。

5-4 乳製品の製法と歴史

乳製品の歴史いろいろ

ここでは、まず、乳製品の定義と大まかな特徴を見ておきましょう。

①生乳：搾乳したままの乳
②酸乳：乳酸菌で発酵させた糊状もしくは液体状の発酵乳（一般的にはこれが「ヨーグルト」）。
③チーズ：乳から固形物を取り出し、脱水処理して、保存性を高めた製品のこと。タンパク質含有量が高い。熟成型と非熟成型があります。
④クリーム：乳の比重のちがいを利用して、乳から主に乳脂肪を集めた製品。
⑤バター：酸乳もしくはクリームを攪拌して乳脂肪を集めた製品。
⑥バターオイル：バターもしくはクリームから、加熱によって水分などを除いた製品。

では、乳製品の製法と歴史について、いくつか例を挙げて紹介していきましょう。

最も初期の保存加工：ヨーグルト

まず、「保存のための加工技術」で最も古い歴史をもつものは酸乳（発酵乳）作りです。これは現代風にいえば、ヨーグルトのことです。乳の中の乳酸菌によって乳糖が分解されて乳酸となり、その乳酸がタンパク質を固まらせると同時に、腐敗菌の発育が抑制されます。でも、安定的にこのヨーグルトを作るには、35～40度に温度を保つ、確かな技術が必要となります。

チーズ

チーズは偶然に発見されたと考えられています。それは、砂漠を旅していた商人が、ヒツジの胃袋で作った水筒に入れたヤギの乳を飲もうとしたとき、白い固まりが出てきたという古い

旅人が、ヒツジの胃袋の水筒に乳を入れて旅をしていたところ、偶然チーズができたという逸話がある。

アラビアの民話があるからです。ヒツジの胃袋の中のキモシンという酵素が乳に働いてチーズ状のものができたのでしょう。乳をあらかじめ乳酸発酵させてからレンネットを添加すると、主要なタンパク質であるカゼインが凝固します。この固まりからさらに水分を除去し、圧縮したものがチーズです。

もう1つは、乳に、酸を加えて凝固させる方法です。紀元前4000年頃の古代エジプトの壁画には、チーズの製造法が描かれています。チーズは、古代の中近東にはじまり、ヨーロッパ、北アフリカ、東アジア、インドへと伝播したと考えられています。

5-5 日本の乳利用

古代日本のウシ事情

日本の乳利用は古代に始まりました。人々の生活に生かされた時期もあったのですが、その量は決して多くなく、朝廷の力が及ばなくなり、群雄割拠の戦乱の時代には乳利用はごく一部のみとなってしまいました。しかし江戸時代の長崎出島からの西洋文化の流入を通じて、徐々に盛んになっていきます。明治以降は、酪農への関心が高まり、そして、第二次世界大戦後は、学校給食での乳製品利用などを経て、現在ではさまざまな乳製品が流通するようになりました。

それでは、つねに議論の的になってきた古代の乳製品、蘇（そ）と酥（そ）、そして醍醐について紹介しましょう。

古代日本では、ウシはいたものの、主に耕作用で、搾乳してその乳を積極的に使うということはなされていなかったようです。その後、５６０年頃に智聡が搾乳技術を

【智聡】
6世紀の渡来人。欽明天皇の時代、大伴狭手彦に従って、高句麗（朝鮮半島）から来日。仏典、儒書、薬書、鍼灸のつぼを図示した明堂図、仏像などを持参し、日本に医学書を伝えたとされる。息子の善那は孝徳天皇の代に、はじめて牛酪（バター）を献上し、和薬使主（やまとのくすしのおみ）を賜姓した。知聡とも書く。

伝えたといわれています。その頃、ウシの飼育に長けた人々を「牛養の戸」として組織されていましたが、記録によると、山城の国に50戸があり、医療や儀礼に使う牛乳や乳製品を作っていました。やがて地方にも牛養の戸のような機関を置き、日持ちのする「蘇」を作らせ、朝廷への貢進物として納めさせるようになります。その後、平安京に遷都してからは、乳牛院という乳牛飼養の場所も都に置かれ、搾りたての牛乳を、新鮮なうちに天皇一家に届けていたとのことです。

ところで、奈良平安時代のウシからは、どれほどの量の乳が搾れたのでしょう。記録によると、現在の和牛から得られる泌乳量にほぼ匹敵するらしいのです。だいたい、仔ウシは一日に体重の約10％の量を飲むということなので、仔ウシの成長と共に、少しずつ搾れる量は増えていくでしょうが、おそらく、現在のように乳牛として品種改良しているわけではありませんから、一日に1リットルが最大量くらいだったと予想されています。しかし、必要量を年間を通じて得るためには、徹底された飼養管理がなされていたのではないかと思います。

「蘇」と「酥」と「醍醐」

乳を加熱して水分を蒸発させ、濃縮したものは「蘇」と呼ばれていましたが、その頃の日本では、この「蘇」を税として献上させていました。藤原道真は、蜜と「蘇」

を練り合わせた美味な食べものを口にしたとか。

この蘇の製造工程では、とにかくゆっくりと加熱していくことが重要で、できた薄膜を別容器に丁寧にとっていき最後は乾燥させます。いろいろな人がこの蘇の再現を試みていますが、消し炭を使うと、沸騰させずに一定温度で加熱が可能であると、廣野卓氏が、著書『古代日本のミルクロード―聖徳太子はチーズを食べたか―』で紹介しています。

鍋に残る固形分も、煮詰めていきます。この過程では、どの程度の軟らかさで加熱をやめるかが問題で、あまり水分をとってしまっても固くなりすぎますし、軟らかすぎると、壺などに収納するにはよいけれど、品質を保持しながらの保管が非常に難しくなります。税として納めさせた「蘇」は、はじめは壺の数で量って納めたものの、その後、容れ物が櫃や籠に変わっていったということなので、時代と共に、軟らかい糊あるいは餅状のものから、固形あるいは板状になっていたのではないかと推察できます。

いずれにせよ、税をこの乳製品で納めさせていた、という事実は、蘇が、利用価値の高い食品であったことを示しています。

なお、この「蘇」の再現実験によりますと、牛乳の約10分の1

献上される蘇（想像図）。

濃縮までは可能だったようです。

多少やっかいなのが、「酥」です。

これは、蘇と同じ読みの「そ」なので、ますます紛らわしいのですが、こちらの「酥」は、廣野氏によれば、弱発酵させた乳から固形分を回収して製造するものとなっています。弱発酵させれば、そこから得られる固形分としては、タンパク質と乳脂肪分の混成物となり、そこからバターオイルの抽出が可能になるけれども、単純に煮詰めて水分蒸発をしていくだけの前出の「蘇」では、タンパク質と脂肪分が融合してしまっていて、バターオイル抽出は不可能だとのこと。

じつは、この抽出されたバターオイルこそ、『本草綱目』で「牛より乳を出し、乳より酪を出し、酪より生酥を出し、生酥より熟酥を出し、熟酥より醍醐を出す」と述べられている最高級の乳製品「醍醐」であるらしいのです。

醍醐がどんなものであるか、現代人は想像するしかないのですが、本草綱目に紹介されている製法を忠実に再現して得られた熟酥は、美しく黄金色に輝いていました。当時の人々の驚きと感激は相当なものであったにちがいありません。

仏教の涅槃経では、醍醐ができあがるまでの工程を仏典に喩え、最上のものとして醍醐があると述べています。転じて、最上の味わいを「醍醐味」というようになったのです。


【本草綱目】

明の学者、李時珍が編纂した本草学の書。全52巻。1596年刊行。動物、植物、鉱物など、およそ1900種を記載する。『本草綱目』は、動植物の形態などの博物誌的な記述が、従前の本草書より優れていると評価されている。日本にもたびたび輸入され、和刻本も多数出版されている。

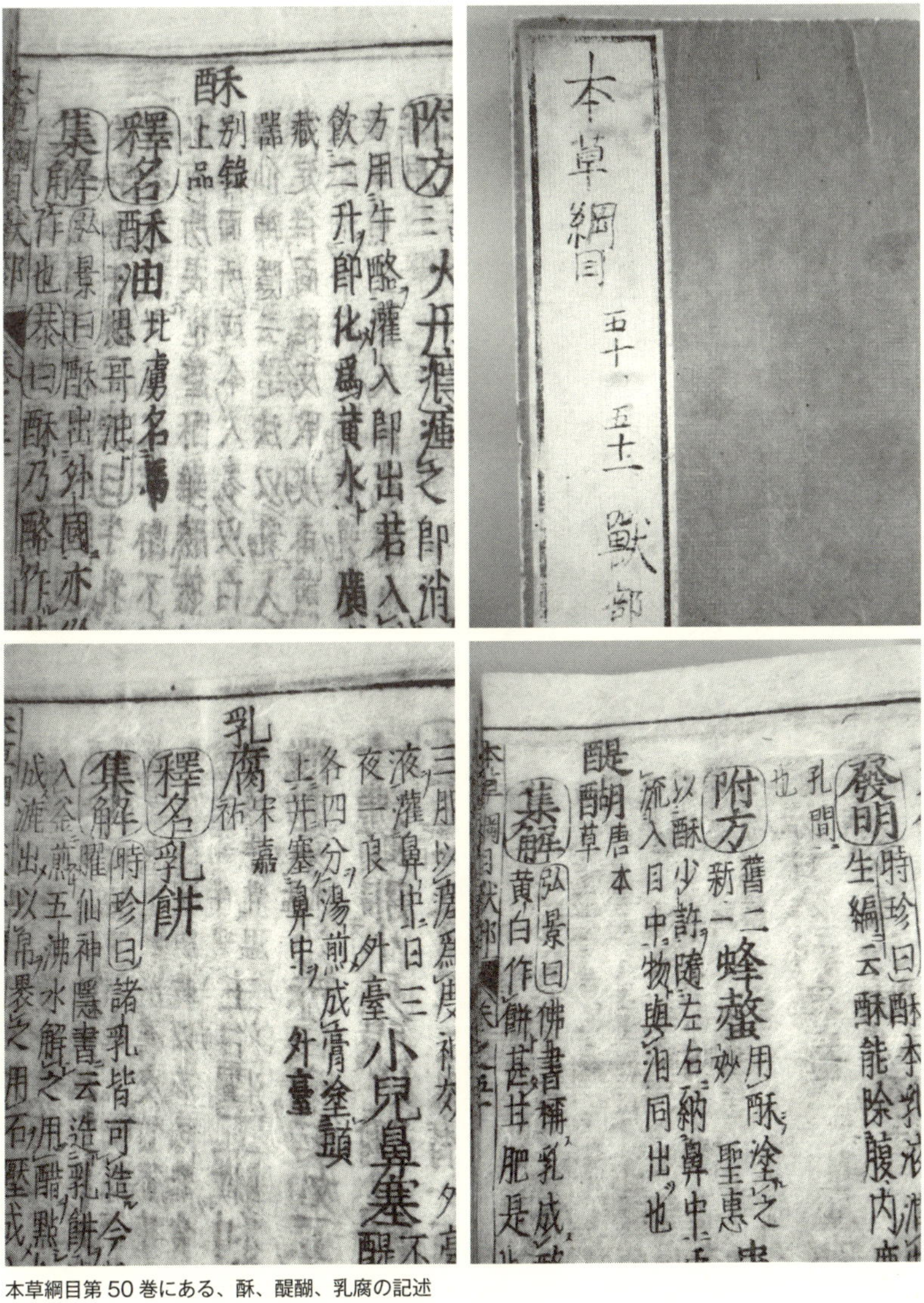

本草綱目第 50 巻にある、酥、醍醐、乳腐の記述
（帯広畜産大学付属図書館所蔵・写真：浦島 匡）。

温度の調節

私の想像を述べますと、乳酸発酵は搾乳直後から始まるものですから、搾乳後、どのくらいで火にかけて煮詰めていくか、その水分を蒸発させ始める時間や、蒸発の状態により、発酵がかなり進んだ状況で煮詰めていくかどうかが、上記の「蘇」「生酥」「熟酥」を分けたのではないでしょうか。

日本は、高温多湿な気候です。乳を搾る時期によっては、すぐに火にかけなければならないこともあったでしょう。冬の低温乾燥時期には放置し、分離が確認されてから、固形物をすくいあげて煮詰めていったのかもしれません。火にかけながら、醍醐抽出が可能な「酥」になるかどうかも見極め、醍醐ができそうもないならば、そのまま水分蒸発を継続し、固形物に仕上げて、「蘇」にしていったのではないかとも思うのです。風味については、これも想像の域を出ないのですが、脂肪分の含まれる具合が舌触りの善し悪しに関係することを考えると、醍醐は当然としても、弱発酵させた後に煮詰めていった「酥」および「熟酥」も、なめらかな半固形物として、珍重されたものと想像できます。

これらの工程において重要な「火加減」は、消し炭や熾火を使ったものと想像できます。今でこそＩＨなどの普及で、だれでも一定の温度を保つのが簡単になっていますが、奈良や平安の時代に、数時間にわたり火の番をしながら、ゆっくりとかき回しつつ水分蒸発を待つという工程に携わるのは、ずいぶんと根気と集中力が必要だったことでしょう。

火にかけて煮つめていく（想像図）。

5-6 乳にまつわるアラカルト

釈迦の食べた乳がゆ

山奥で、断食や不眠などの厳しい苦行を6年にもわたって続けていた釈迦は、下山して、衰弱した体を尼連禅川（にれんぜんが）で清めておりましたところ、名を「スジャータ」という長者の娘がたまたまそこを通り、乳がゆを作って釈迦に渡しました。生死の境をさまよっていた釈迦はその乳がゆを食べて、元気をとりもどし、そのおかげで悟りを開いたとのことです。

乳がゆは、インドでは現在でもよく食べられていて、キール、ミルクライスとも呼ばれる、デザートのような感覚の食べものです。水で炊かずに、乳と水少しで

釈迦とスジャータ。

ゆっくりとお米を炊き、そこに香辛料をかけて食べるというものです。

【ヤク】
ウシのなかまで、乾燥した高地に適応した動物。

チベットのバターランプ

食べものではありませんが、チベットでは、ろうそくのかわりに、ヤクの乳から作ったバターに火をともします。ディパと呼ばれるランプスタンドは、密教の仏具の1つで、悪い心と無知を払いのける知恵の象徴となっておりますし、鎮魂や平和への願いが込められているともいわれます。

透明なバターを使っているので、そのランプがずらりと並ぶ様を見ていると、本当に心が静まるのでしょう。

モンゴルのシアル・トウス

黄色い油という意味の「シアル・トウス」は、ウシの乳から分離した脂肪分で作り、チャーニング過程を経ずに、そのままゆっくりと過熱して作られます。遊牧民たちの朝は乳茶ではじまりますが、乳茶とは、煮出したお茶に、ウシの乳と塩を入れ、その上に、このシアル・トウスを加えるものだといいます。

ギー（バターオイル）

クリームやバターから、脂肪分以外の成分を除いたもので、黄色い透明な油脂です。ヒンズー教の祭事では、神々に捧げるためにギーを燃やすということもあるようです。インド料理につきもののラッシーは、このギーを作る際に出る副産物のヨーグルト「ダヒ」を使った飲み物です。

アイスクリームへの道

何気なく食べているアイスクリームの誕生には、じつは、さまざまな苦労があったようです。まず、冷蔵庫、冷凍庫などなかった時代に、どうやって保冷をしていたのかについてですが、硝石を水に溶かすと、溶けるにしたがって、周囲から溶解熱を奪うという性質が発見されたことが契機となりました。その後、硝石の代わりに塩が使われるようになっていきます。

この原理を食べものの器に応用して保冷するということは、昔から経験的に行われてきたようですが、乳製品の保存はもちろんのこと、やがて乳を凍らせたものを夏に

【溶解熱】
物質が固体から液体へと溶けるときに発生する、または吸収する熱のこと。溶解は発熱を伴い、溶液の温度は上昇するが、塩素酸カリウム、硝酸アンモニウムなどの塩類の溶解は吸熱を伴う。こうした塩類と水を用いた冷却効果を利用したのが寒剤である。

食べるという習慣も生まれたようです。保冷という点では、日本にも古来から「氷室」「雪室」の利用が行われていました。残念ながら、搾乳後の乳を凍らせて利用したという古代の記録が日本には見当たりませんが、朝廷で使う氷の保存に氷室が利用されていたわけですから、もしかすると、乳の保冷に使用していたかもしれません。

18世紀末には氷と牛乳と卵を容器に入れてかき回し、氷と塩の組み合わせの寒剤で冷やすという手法や、メレンゲにクリームを加えてやはり寒剤で冷やしたものなどが現れました。とてもなめらかな口触りが人気だったようで、これらがアイスクリームの原型といわれています。

日本では、1869（明治2）年、町田房蔵という人物が横浜の馬車道で氷水店を開き、氷と塩の寒剤を用いた「あいすくりん」を製造販売したのが日本のアイスクリームの誕生とか。

それ以来、数多くの商品が開発されていくのですが、アイスクリームのなめらかさに関係するのは、含まれる水分、脂肪球、気泡などが均一に分散していることといわれ、その粒が小さければ小さいほど舌触りのよさを生みだすようです。また、ある程度、脂肪分の含有量が多ければ風味もよいようで、ぜひ、アイスクリームを購入する際には、その成分表示を見比べるようにしてみましょう。

【氷室】
氷や雪を貯蔵し、冷蔵のために使う建造物。世界各地で同様の施設が見られる。日本では、氷室について書かれた、奈良時代の木簡が見つかっている。夏場の氷は貴重なものなので、長い間、一部の権力者のためのものであったが、江戸時代には、町中に氷室が作られ、庶民にも手が届くようになった。

学校給食と乳利用

日本が、国の施策として学校給食に関与したのは、１９３２（昭和７）年の就学困難児童救済のための訓令により、学校給食を奨励したことが発端となります。第二次大戦中は中止されていたものの、戦後の１９４６年に、全校児童への健康保持を目的とした通達が出されます。それを受け、翌１９４７年には、元陸軍用の缶詰や、アジア救済連盟からの食料の寄贈によって全国の小学児童３００万人に対して、週2回の給食が開始されました。

また、同じ年の秋より、米軍から脱脂粉乳が配給され、乳製品として利用され始め、定番となっていきました。このときは、子どもたちの栄養状況を改善することが急務となっておりましたが、アメリカから支給されたこの脱脂粉乳について、まずくてたまらなかった、鼻をつまんで飲み込んだ……という思い出をもつ方も、いらっしゃるのではないでしょうか。

その後、１９６０年代後半には、脱脂粉乳ではなく、ビンの牛乳が出されるようになりました。しかし、ビンは扱いも難しく、重いため、やがて紙パック牛乳が出回るようになり、テトラタイプから箱タイプに移行していきました。

農林水産省では、国産の牛乳や乳製品を学校給食にもっと採り入れてもらおうと、経費負担や奨励金支給などを関係団体や自治体に対して行っています（学校給食用牛乳等供給推進事業）が、そもそも、１９５４年の「酪農及び肉用牛生産の振興に関する法律」によって、国内産牛乳の学校給食での供給目標が5年ごとに策定・公表されています。小中学校および特別支援学校で年間１９５日間、定時制高校で１９２日間、一人あたり一日２００ミリリットルと決められているのです。つまり、国の施策として、一貫して栄養状況改善のために、牛乳が採用され続けているわけです。

〈牛乳のパッケージの変遷〉

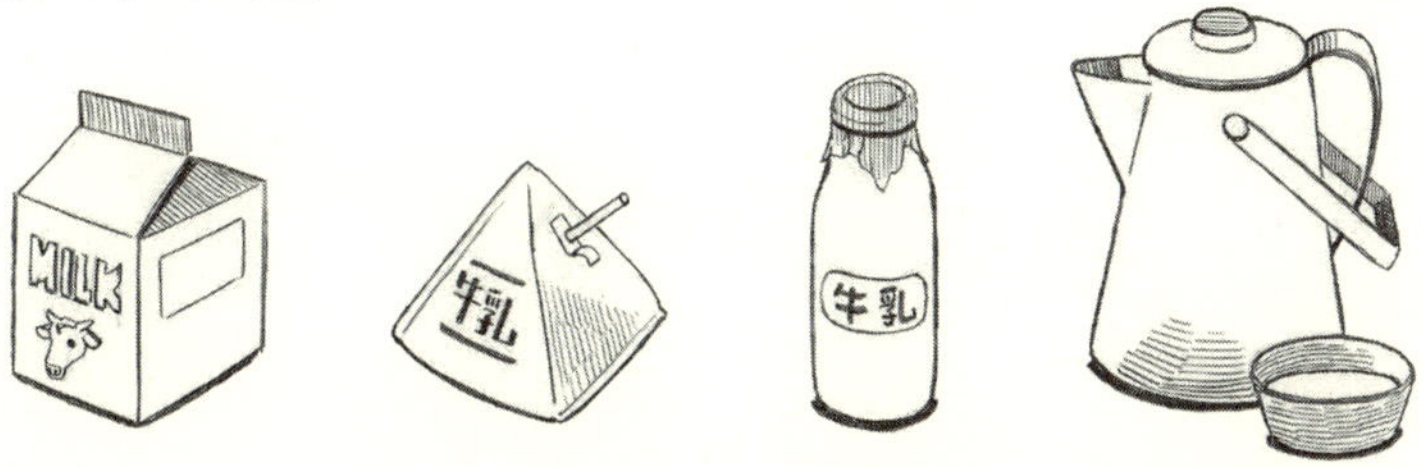

5-7 現代日本の乳製品とその利用法

さまざまな乳製品

①生クリームとサワークリーム

生クリームは、生乳から乳脂肪分だけを分離させたもの。ケーキなどに使う生クリームは、これをホイップしたもの。サワークリームは、生クリームを乳酸菌で発酵させて作るので、多少、酸っぱくなりますが、さわやかな酸味です。お菓子作りには欠かせませんね。

②ヨーグルト

ヨーグルトの語源となった「ヨーグルート」は発酵乳の一種で、遊牧民のトルコ民族がアナトリアに移住した頃に使った言葉であるとされています。パスツール研究所に招聘された生物学者イリヤ・メチニコフが、ヨーグルトを常食としている黒海沿岸

【イリヤ・メチニコフ】▼P146脚注

の東欧の村に長寿が多いことに着目したことで、健康によい食べものとしてヨーグルトの認知は広がっていきました。現代では、国際酪農連盟によって、スターターとしてストレプトコッカス・サーモフィラスとラクトバシラス・デルブルッキー亜種ブルガリカスの２つの菌が使われていることが求められるようになりました。

③練乳（煉乳）

三島市の花島兵右衛門が、１８９２（明治25）年に生乳を煮つめた煉乳を売り出したのが始まりといわれています。牛乳を濃縮して糖分を加えたものを加糖練乳といって、コンデンスミルクとして知られています。また、糖分を加えていない無糖練乳は、エバミルク、さらには脂肪分を除去したものもあり、それは脱脂練乳といいます。加糖脱脂練乳は主に、キャラメルやアイスクリームに使われ、無糖脱脂練乳はグラタンのホワイトソースなどに利用されています。

【花島兵右衛門】
静岡県三島市の事業家。肺炎にかかり、栄養を摂るため牛乳を飲むようになり、それがきっかけで牛乳販売を始めた。牛乳を飲む人が少なかった当時、残ってしまった牛乳を利用して煉乳の製造を始めた。１８９６（明治29）年には日本ではじめて真空釜を導入した煉乳工場を建て、日本の煉乳製造業発祥とされている。またキリスト教女学校の創立や三島銀行の設立など、さまざまな事業に私財を投じている。

牛乳のいろいろ

①ホモジナイズ牛乳とノンホモジナイズ牛乳

ウシたちからいただく「牛乳」ですが、どのようにして食品として私たちの口に入るのでしょうか。搾ったままの乳は「生乳」と呼ばれ、生乳を集めてまずは、脂肪の大きさを整える工程「ホモジナイズ」が施されます。

最近では、ノンホモジナイズ牛乳といって、脂肪球をあえて整えず、生乳の風合いを保って、自然にクリームが浮いてくるようなタイプの牛乳も流通するようになりました。この牛乳は、搾りたての生乳にもっとも近い状態ですから、クリーム分離をしてバター作りも可能です。

②低温殺菌乳と高温殺菌乳
次に殺菌工程ですが、その殺菌方法は食品衛生法によって決められています。大きく分けて2つあり、1つは「低温殺菌」法といい、60～65度で30分程度の加熱が必要です。この低温殺菌法は、もともとワインの風味を損なうことなく保存するために考案されたものです。有害微生物を除去して味や色などは保てる方法として、さまざまな食品の保存に生かされてきています。

もう1つは、「超高温瞬間殺菌」法で、120度以上で数秒保持したのちに急速冷却するというものです。この高温での殺菌ののち、パッキングに工夫を凝らして、ロングライフタイプ（通称、LL）の牛乳も開発されています。

③成分無調整牛乳と調整牛乳、加工乳
さて殺菌後、何も足したり引いたりしなければ「成分無調整牛乳」に、水分や脂肪を除去したりすると「成分調整牛乳」に、また、カルシウムや鉄分を足したり、コー

ヒーを混ぜたりすれば「加工乳」になります。この呼び方も、食品衛生法できちんと決まっているのです。また、加工乳という表現では「牛」という文字が抜けています。これは、一度乳製品化された脱脂粉乳などを再度、牛乳に加えて、低価格を実現したものです。低脂肪乳などは、この加工乳の1つです。

みなさんは、どんなタイプの牛乳がお好きでしょう?

もし手元にあれば、パックの裏の表示に殺菌方法や「○○乳」と表示されているので、確認してみてください。なお、生乳は、ウシの状態や種類や搾乳の時期によって、含まれる脂肪やタンパク質もちがってきます。乳牛の「ジャージー」は、脂肪の含有率がほぼ5%とホルスタインよりも高い（ホルスタインは3・6%程度）のが特徴です。おそらくみなさんの印象も、ジャージー牛乳にはコクがあるという点では共通していると思います。

「エコ」には最強のホエー

ホエーは、チーズ作りの過程でできる非固形物つまり液体の総称で、乳清ともいいます。ホエーにはアルブミンなどのタンパク質がたくさん含まれるので、豚や鶏の飼料に添加されています。「ホエー豚」という名前を聞いたことがあると思います。また、家畜飼料を作るサイレージでも、パウダー化したホエーを添加して乳酸発酵をより進

【サイレージ】
青刈りした牧草などの飼料用の作物をサイロに貯蔵して、乳酸発酵させた餌のこと。最近では、刈り取った牧草をロール状に丸めて、フィルムでラップしたロールベールサイレージも増えてきた。牧場に点在する白くて大きなロール状のものがそれ。

ませることで、栄養価の高い飼料作りが試みられています。

ホエーは、以前は廃棄物として処理されることがほとんどでしたが、乳製品の製造過程で分離されるホエーを再利用することで、環境負荷を減らすことができます。このような取り組みは、「エコフィード」と呼ばれる循環型産業として注目されています。ウシからの搾乳→乳製品製造→副産物としてのホエー→ホエーの飼料添加→ウシの飼料→搾乳という、完全な循環になっていることがわかります。

養豚のさかんなEU（たとえばデンマーク）では、ホエーの利用がたいへん進んでいますが、ホエー自体の品質保証の観点からは、乳製品の製造地と養豚場が近くないと難しいという側面もあり、ホエーパウダーに加工して使用することもあります。

乳製品のことを1つひとつ追っていくと、単に、私たちの健康維持や食料としての「乳」だけではなく、乳生産をしてくれる動物たちの餌を、環境に負荷をかけずに、いかに豊かなものにしていくか、また、廃棄するものをどのように減らしていくかという循環型社会を考えることにもつながりますね。

OPPAI

あとがき

人生において、その人のその後を変えてしまうくらい強いインパクトをもった本に出会うことがあります。もちろん、それがどのような本であるかは、読者の興味と人生観によってそれぞれだと思います。私の場合は、大学院に入学したばかりの時期に読んだ『牛乳─生乳から乳製品まで』（足立達著、味覚選書、柴田書店、１９８０年9月）と『ミルク博士の本─母と子の珠玉の白い血液を求めて』（鴇田文三郎著、地球社、１９８１年5月）の2冊でした。どちらの著者もミルクの研究者です。私はそれからミルクの成分、とくにミルクオリゴ糖の研究をずっと続けていますが、いつか自分も若い人に興味をもってもらえるような本を書いてみたいと思っていました。それらの本が出版されてから35年以上経ちましたが、ミルクについての一般向けの本が出ていないことに気がつきました（つい最近ブルーバックスから『チーズの科学─ミルクの力、発酵・熟成の神秘』（齋藤忠夫著、講談社、２０１６年11月）が出版されました）。ミルクの研究の後輩としては、先人の方々に申し訳ないのではないかと思い始めていました。

ミルクに関する話題といっても、切り口はいろいろです。牛乳の成分や、乳製品の作り方とその過程で起こる成分の変化や健康機能性に関する話題と、本書でも取り上げたような、いろいろな動物のおっぱいのちがい、子育てや繁殖戦略、進化に関するものでは切り口がちがいます。後者の切り口からの本を出したいと思ったのは、自分自身の研究と研究を通じて得た多くの人たちとの出会いからでした。

私が帯広畜産大学に就職してから30年経ちました。はじめは十勝の恵まれた環境ならではは手に入るウシ、ウマ、ヤギ、ヒツジのおっぱいに含まれるミルクオリゴ糖の研究からスタートしました。日本ばなれした雄大な景色の中にある牧場から、そのような研究材料をいただけることに大きな喜びを感じていました。そうしているうちに、オーストラリアのシドニー大学のマイケル・メッサー先生のところに留学し、ダマヤブワラビーの泌乳している乳腺において、有袋類特有のミルクオリゴ糖を作るような酵素を研究する機会に恵まれました。10か月間の滞在で、オーストラリア固有の単孔類や有袋類を、動物園で見ることができました。そこで行った研究といろいろな動物を見た経験から、哺乳類は多様性に富んでいて、ミルクオリゴ糖をはじめ、おっぱいの成分には仔の生存と関わるような複雑な戦略が隠れていると思うようになりました。メッサー先生からは、その後も単孔類のカモノハシやいろいろな有袋類のおっぱいから取り出した炭水化物をいただくことができました。

また、乳成分と生存戦略、進化との関係を研究しているアメリカのスミソニアン動物学研究所（当時）のオラブ・オフテダル先生との出会いも、大きな糧となりました。彼の論文はよく読んでいて、大変に尊敬していましたので。哺乳動物はおっぱいを出す動物とは定義されていても、おっぱいに含まれるそれぞれの成分はいつから作られるようになり、また哺乳類の先祖が分泌していた成分が、どのような変化を経て今日のようになったのかはよくわかっていませんでした。オフテダル先生が書いた「泌乳の開始ならびに初期進化に関する新仮説」は衝撃的でした。そしていつかこの仮説を多くの人々に紹介するとともに、自分の研究成果も盛り込んで本にしたいと思うようになったのです。

得られた研究成果を論文にまとめるうちに、野生動物の研究者や動物園で研究している研究者から、採集したおっぱいのとくにミルクオリゴ糖を分析してほしいという依頼を受けるようになりました。

動物園の関係者との交流から、飼育技術研究会に呼ばれて講演する機会をいただきましたが、人との出会いの輪は広がっていくものです。私の大学時代の友人で、その頃、千葉市動物公園に勤務されていた今回の共著者の並木美砂子先生と再会することができました。また並木先生に呼ばれて帝京科学大学で講義したときに、動物園ライターの森由民さんともお話しする機会を得ました。意気投合して、森さんのお友達のスタジオ・ポーキュパインの川嶋隆義さんとともに、ひとつ哺乳動物のおっぱいの進化についての本を出版しようということになりました。哺乳類の進化を、化石や形態から研究している人はいても、おっぱいの成分から見てみようという人は多くはいませんから、希少な本になると同意していただけたのでしょう。技術評論社の大倉誠二さんに出版する機会を与えていただきました。

この本が、哺乳動物の出現と進化についての切り口の1つを提起することで、多くの方々に議論に参加していただけるようになることを願っています。哺乳類とは何か、ということに対する問いかけです。そして同時に動物園や水族館で生まれた動物の赤ちゃんの命を守るために、飼育係の人たちがどのように努力されているのかを理解していただけるようになれば幸いです。

それともう1つ。おっぱいの中のミルクオリゴ糖には、とくにヒトの場合はヒトの健康にとって大切な腸内細菌を定着させるような働きのあることはもともとわかっていましたが、ビフィズス菌などの善玉菌がミルクオリゴ糖をどのように分解して増殖の栄養源としていくのかがわかっていませんでした。50年にわたるその謎が、農研機構独立行政法人食品総合研究所の北岡本光先生や京都大学の片山高嶺先生、そしてアメリカのカリフォルニア大学デービス校のミルズ先生たちによって最近解明されました。わくわくするような瞬間でした。その話もこの本の中で少し紹介しましたが、科学者の息遣いを読者にお伝えすることができたらと思っています。

２０１７年1月　　浦島　匡

参考文献

CHAPTER 1

◆大谷元 著『母乳の力—母乳タンパク質に秘められた生体防御機能』食品資材研究会、2011年
◆上野川修一、清水 誠、堂迫俊一、鈴木英毅、元島英雅、高瀬光徳 編『ミルクの辞典』朝倉書店、2009年
◆ B. Wang, B. Yu, M. Karim, et al. "Dietary sialic acid supplementation improves learning and memory in piglets" *The American Journal of Clinical Nutrition*, 85(1), 561-569, 2007
◆木幡陽 著「母乳の含まれる少糖群の構造とその応用」『野口研究所時報』52、p3-28、野口研究所、2009年
◆ T. Urashima, S. Asakuma, F. Leo, K. Fukuda, M. Messer, O. T. Oftedal "The predominance of type Ⅰ oligosaccharides is a feature specific to human breast milk" *Advances in Nutrition*, 3, 473S-482S, 2012
◆北岡本光 著「ヒトミルクオリゴ糖によるビフィズス菌増殖促進作用の分子機構」『ミルクサイエンス』61 (2)、p115-124、日本酪農科学会、2012年
◆片山高嶺 著「ビフィズス菌とヒトミルクオリゴ糖」(特集一乳に係わる糖鎖研究の最前線) 日本応用糖質科学会 編『日本応用糖質科学会誌』4 (4)、p287-294、日本応用糖質科学会、2014年
◆ D. A. Sela, J. Chapman, A. Adeuya, J. H. Kim, F. Chen, T. R. Whitehead, A. Lapidus, D. S. Rokhsar, C. B. Lebrilla, J. B. German, et al. "The genome sequence of *Bifidobacterium longum* subsp. *infantis* reveals adaptations for milk utilization within the infant microbiome" *Proceedings of the National Academy of Sciences of the United States of America*, 105 (48), 18964-18969, 2008
◆ F. Leo, S. Asakuma, T. Nakamura, K. Fukuda, A. Senda, T. Urashima "Improved determination of milk oligosaccharides using a single derivatization with anthranilic acid and separation by reversed-phase high-performance liquid chromatography" *Journal of Chromatography* A, 1216, 1520-1523, 2009

CHAPTER 2

◆ C, M. Lefèvre, J, A. Sharp, K, R. Nicholas "Evolution of lactation: Ancient origin and extreme adaptations of the lactation system" *Annual Review of Genomics and Human Genetics*, 11, 219-238, 2010
◆ O. T. Oftedal "Milk of marine mammals" In, *Encyclopedia of Dairy Sciences* , J. W. Fuquay, P. F. Fox, P. L. H. McSweeney eds., vol. 3, 563-580, Academic Press, San Diego, 2011
◆ O. T. Oftedal, G. L. Alt, E. M. Widdowson, M. R. Jakubasz "Nutrition and growth of suckling black bears (*Ursus americanus*) during their mothers' winter fast" *British Journal of Nutrition*, 70, 59-79, 1993
◆ Michael Messer 著, 浦島匡 訳「カンガルー, ワラビーやカモノハシの乳はヒトとどう違うか」『化学と生物』33、p816-824、日本農芸化学会、1995
◆ I. M. Stewart, M. Messer, P. J. Walcott, P. A. Gadiel, M. Griffiths "Intestinal glycosidase activities in one adult and two suckling echidnas: absence of a neutral lactase (β-D-galactosidase) " *Australian Journal of Biological Sciences*, 36, 139-146, 1983
◆浦島匡、斎藤忠夫、中村正、荒井威吉「ミルクオリゴ糖の系統的発達に関する考察ークマおよび食肉目の話題を中心に」『ミルクサイエンス』49 (3)、p195-202、日本酪農科学会、2000年
◆ A. K. Enjapoori, T. R. Grant, S. C. Nicol, C. M. Lefèvre, K. R. Nicholas, J. A. Sharp "Monotreme lactation protein is highly expressed in monotreme milk and provides antimicrobial protection" *Genome Biology and Evolution*, 6(10), 2754-2773, 2014
◆ベノワ・シャール 著「匂いを介した母子間コミュニケーション:マウス、ウサギ、そしてヒトにおける共通性」『アロマリサーチ』17 (3)、p48-53、フレグランスジャーナル社、2016年
◆小山幸子 著「フェロモン暴露が次世代におよぼす影響」『アロマリサーチ』17 (3)、p54-57、フレグランスジャーナル社、2016年
◆ T. H. Kunz, D. J. Hosken "Male lactation: why, why not and is it care?" *Trends in Ecology and Evolution*, 24(2), 80-85, 2009

CHAPTER 3

◆ O. T. Oftedal "The mammary gland and its origin during Synapsid evolution" *Journal of Mammary Gland Biology and Neoplasia*, 7, 225-252, 2002
◆浦島匡、上村祐介、中村正、佐々木基樹「泌乳の開始ならびに初期進化に関する新仮説ー Olav Oftedal 博士による見解」『ミルクサイエンス』53 (2)、p81-100、日本酪農科学会、2004年
◆ M. Messer, A. S. Weiss, D. C. Shaw, M. Westerman "Evolution of the Monotremes: Phylogenetic Relationship to Marsupials and Eutherians, and Estimation of Divergence Dates Based on α-Lactalbumin Amino Acid Sequences" *Journal of Mammalian Evolution*, 5, 95-105, 1998
◆ D. G. Blackburn "Evolutionary origins of the mammary gland" *Mammal Review*, 21, 81-98, 1991
◆ O. T. Oftedal "Origin and evolution of the major constituents of milk" In, *Advanced Dairy Chemistry*, Volume 1A: Proteins: Basic Aspects, 4th Edition, P. L. H. McSweeney, P. F. Fox eds., Springer Science+Business Media, New York, 1-42, 2013
◆浦島匡 著「ミルクオリゴ糖を中心とした乳成分の進化」『乳業技術』64、p34-63、日本乳業技術協会、2014年
◆ M. Messer, T. Urashima "Evolution of milk oligosaccharides and lactose" *Trends in Glycoscience and Glycotechnology*, 14, 153-176, 2002
◆ D. C. Shaw, M. Messer, A. M. Scrivener, K. R. Nicholas, M. Griffiths "Isolation, partial characterisation, and amino acid sequence of alpha-lactalbumin from platypus (*Ornithorhynchus anatinus*) milk" *Biochimica et Biophysica Acta*, 1161, 177-186, 1993
◆浦島匡 著「ミルクオリゴ糖の進化と哺乳類の生存戦略」『アロマリサーチ』17 (3)、p58-65、フレグランスジャーナル社、2016年
◆ O. T. Oftedal, S. C. Nicol, N. W. Davies, N. Sekii, E. Taifik, K. Fukuda, T. Saito, T. Urashima "Can an ancestral condition for milk oligosaccharides be determined? Evidence from the Tasmanian echidna (*Tachyglossus aculeatus setosus*)" *Glycobiology*, 24, 826-839, 2014

◆I. H. Mather "Milk fat globule membrane" In, *Encyclopedia of Dairy Sciences* , J. W. Fuquay, P. F. Fox, P. L. H. McSweeney eds., vol. 3, 680-690, Academic Press, San Diego, 2011

CHAPTER 4

◆T. Shi, K. Nishiyama, K. Nakamata, N. P. Aryantini, D. Mikumo, Y. Oda, Y. Yamamoto, T. Mukai, I. N. Sujaya, T. Urashima, K. Fukuda "Isolation of potential probiotic Lactobacillus rhamnosus strains from traditional fermented mare milk produced in Sumbawa Island of Indonesia" *Bioscience, Biotechnology, and Biochemistry*, 76(10), 1897-1903 ,2012
◆Human Microbiome Project Consortium "Structure, function and diversity of the healthy human microbiome" *Nature*, 486, 207-214, doi: 10.1038/nature11234., 2012
◆M. Matsumoto, A.Ishige, Y. Yazawa, M. Kondo, K. Muramatsu, K. Watanabe "Promotion of intestinal peristalsis by *Bifidobacterium* spp. capable of hydrolysing sennosides in mice" *PLoS One*, 7(2), e31700, doi: 10.1371/journal.pone.0031700., 2012
◆S. Kawamoto, M. Maruya, L.M. Kato, W. Suda, K. Atarashi, Y. Doi, Y. Tsutsui, H. Qin, K. Honda, T. Okada, M. Hattori, S. Fagarasan "Foxp3+ T cells regulate immunoglobulin a selection and facilitate diversification of bacterial species responsible for immune homeostasis" *Immunity*, 41(1), 152-165, 2014
◆I. Sobhani, A. Amiot, Y. Le Baleur, M. Levy, M. L. Auriault, J. T. Van Nhieu, J. C. Delchier "Microbial dysbiosis and colon carcinogenesis: could colon cancer be considered a bacteria-related disease?" *Therapeutic Advances in Gastroenterology*, 6(3), 215-229, doi: 10.1177/1756283X12473674., 2013
◆J. M. Saavedra, N. A. Bauman, I. Oung, J. A. Perman, R. H. Yolken "Feeding of *Bifidobacterium bifidum* and *Streptococcus thermophilus* to infants in hospital for prevention of diarrhoea and shedding of rotavirus" *The Lancet*, 344(8929), 1046-1049, 1994
◆N. Kechaou, F. Chain, J. J. Gratadoux, S. Blugeon, N. Bertho, C. Chevalier, R. Le Goffic, S. Courau, P. Molimard, J. M. Chatel, P. Langella, L. G. Bermúdez-Humarán "Identification of one novel candidate probiotic Lactobacillus plantarum strain active against influenza virus infection in mice by a large-scale screening" *Applied and Environmental Microbiology*, 79(5), 1491-1499, doi: 10.1128/AEM.03075-12., 2013
◆P. Kochan, A. Chmielarczyk, L. Szymaniak, M. Brykczynski, K. Galant, A. Zych, K. Pakosz, S. Giedrys-Kalemba, E. Lenouvel, P. B. Heczko "Lactobacillus rhamnosus administration causes sepsis in a cardiosurgical patient--is the time right to revise probiotic safety guidelines?" *Clinical Microbiology and Infection*, 17(10), 1589-1592, doi: 10.1111/j.1469-0691.2011.03614.x., 2011
◆P. F. Perez, J. Doré, M. Leclerc, F. Levenez, J. Benyacoub, P. Serrant, I. Segura-Roggero, E. J. Schiffrin, A. Donnet-Hughes "Bacterial imprinting of the neonatal immune system: lessons from maternal cells?" *Pediatrics*, 119(3), e724-732, 2007
◆A. V. Rao, A. C. Bested, T. M. Beaulne, M. A. Katzman, C. Iorio, J. M. Berardi, A. C. Logan "A randomized, double-blind, placebo-controlled pilot study of a probiotic in emotional symptoms of chronic fatigue syndrome" *Gut Pathogens*, 19;1(1):6. doi: 10.1186/1757-4749-1-6., 2009
◆K. Ohta, R. Kawano, N. Ito "Lactic acid bacteria convert human fibroblasts to multipotent cells" *PLoS One*, 7(12), e51866, doi: 10.1371/journal.pone.0051866., 2012
◆平田昌弘 著『ユーラシア乳文化論』岩波書店、2013 年

CHAPTER 5

◆足立達 著『乳製品の世界外史—世界とくにアジアにおける乳業技術の史的展開』東北大学出版会、2002 年
◆谷泰 著「乳利用のための搾乳はいかにして開始されたか—その背景と経緯—」『西南アジア研究』、43、p21-36、西南アジア研究会、1995 年
◆田名部雄一 著「ヒトと他の動物との共生の歴史」伊東俊太郎 編『日本研究』5、p135-172、国際日本文化研究センター、1991 年
◆平田昌弘 著『ユーラシア乳文化論』岩波書店、2013 年
◆廣野卓 著『古代日本のミルクロード—聖徳太子はチーズを食べたか—』(中公新書 1239) 中央公論社、1995 年
◆有賀秀子 著「酥・醍醐の再現と古代の乳利用に関する研究」『酪農科学・食品の研究』43 (1)、A-17-A-24、日本酪農科学会、1994 年
◆佐藤健太郎 著「古代日本の牛乳・乳製品の利用と貢進体制について」『関西大学東西学術研究所紀要』45、P47-65、関西大学東西学術研究所、2012 年
◆佐藤奨平 著「日本練乳製造業の経営史的研究ー安房地域を中心としてー」Jミルク 編『乳の社会文化 学術研究・研究報告書』p31-55、乳の社会文化ネットワーク、2013 年
◆Jミルク 編「給食における牛乳の移り変わり」< http://www.j-milk.jp/kiso/kyushoku/8d863s000001sk8m.html > (2016 年 12 月 12 日閲覧)
◆柴山草太 ほか著「乾燥ホエーの添加がコーンサイレージの発酵品質 , めん羊の採食性およびルーメン内の分解性に及ぼす影響」『酪農大学紀要 . 自然科学編』30 (1)、p121-126、酪農学園大学、2005 年
◆磯貝保 ほか編『副産物 (エコフィード) 利用肉豚推進事業報告書—ホエイの飼料利用を進めるために—』畜産技術協会、2007 年
◆Department of Animal Sciences "Milk Composition - Species Table" <http://ansci.illinois.edu/static/ansc438/Milkcompsynth/milkcomp_table.html> (2016 年 12 月 12 日閲覧)

コラム

◆山極寿一 著『家族進化論』東京大学出版会、2012 年
◆田中智夫 著『ブタの動物学』(アニマルサイエンス 4) 東京大学出版会、2001 年
◆水口博也 著『クジラ・イルカのなぞ 99—世界の海をめぐる写真家が答えるクジラの仲間のふしぎ—』偕成社、2012 年
◆和田一雄 編著『海のけもの達の物語—オットセイ・トド・アザラシ・ラッコ—』成山堂書店、2004 年

執筆◎浦島　匡（うらしま　ただす）
帯広畜産大学畜産学部畜産衛生学部門教授。1957年広島県生まれ。1980年東京農工大学農学部卒業。1986年東北大学大学院にて博士課程修了。1986年帯広畜産大学畜産学部の助手に。以後、助教授、教授を歴任。専門はミルク科学、糖質科学、畜産物科学。哺乳類のおっぱいに含まれるミルクオリゴ糖の研究を続け、ミルクオリゴ糖から哺乳動物の進化と環境への適応戦略、腸内細菌との共生などを見続ける。妻と二人で毎年海外に出かけ、当地の文化財を見ておいしいものを食べるのを楽しみにしている。

執筆◎並木美砂子（なみき　みさこ）
帝京科学大学アニマルサイエンス学科教授。東京農工大学卒業後、千葉市職員となる。動物公園建設室、動物公園飼育課勤務を経て、2013年より現職。博士（学術）。動物園での動物介在教育に関心をもつとともに、任意団体「ShoeZ」代表として、保全教育の実践をさまざまな動物園で行っている。

執筆◎福田健二（ふくだ　けんじ）
帯広畜産大学畜産学部畜産衛生学部門准教授。1972年兵庫県姫路市生まれ。2002年北海道大学大学院農学研究科博士後期課程修了（農学博士）。同年カールスバーグ研究所生化学部門博士研究員。2005年帯広畜産大学畜産衛生学専攻助教、2010年同畜産衛生学研究部門准教授、現在に至る。専門は乳タンパク質化学と食品微生物学。趣味は渓流釣りとテレマークスキー。

執筆◎森　由民（もり　ゆうみん）
動物園ライター。1963年神奈川県生まれ。日本各地の動物園を歩き回り、執筆・講演などを行う。とくに動物展示の方法や、飼育員と動物の関係に関心がある。著書に『約束しよう、キリンのリンリン』（フレーベル館）、『動物園のひみつ』（PHP研究所）、漫画原作に『ASAHIYAMA―旭山動物園物語―』全3巻（画：本庄敬／カドカワデジタルコミックス）など。

絵◎箕輪義隆（みのわ よしたか）

科学イラストレーター。普段は鳥類を描くことが多いので、今回は完全にアウェイであったが、1羽だけ潜り込ませることができた。著書に『鳥のフィールドサイン観察ガイド』、『海鳥識別ハンドブック』（どちらも文一総合出版）、『ツバメのハティハティ』（共著／アリス館）などがある。「箕輪義隆挿絵工房」http://yminowa.web.fc2.com/

装丁画◎いぬんこ

挿絵師。東大阪出身。現在東京在住。浮世絵や大津絵、引札など日本の大衆絵画にある滑稽と哀愁さに影響を受け、それを現代の感覚で描きつないでいきたいと精進中。NHK Eテレこども番組「シャキーン！」のイラスト担当。著書に『おかめ列車』シリーズ（好学社）など。

装丁◎椎名麻美（しいな まみ）

野生動物との戯れをこよなく愛するブックデザイナー。写真集から図鑑、絵本に至るまでビジュアル主体の書籍を手がけることが多い。最近携わった自然科学系の本は『ペンギンの楽園 地球上でもっとも生命にあふれた世界』（著：水口博也／山と溪谷社）、『宇宙人っているの？』（作：長沼毅 絵：吉田尚令／金の星社）、『ゆらゆらチンアナゴ』（写真：横塚眞己人 文：江口絵理／ほるぷ出版）など。http://www7b.biglobe.ne.jp/~mamishina_studio208/

企画・編集◎STUDIO POCUPINE（すたじお・ぽーきゅぱいん）

「世界の人々を全員自然好きにしてしまうのだ！」の野望のもと、生物、自然科学専門に本の企画、編集、執筆、写真撮影を行うちょっとしたショッカーのような組織。生物の進化には興味深いさまざまな事象があり、おっぱいの誕生もそのひとつ。なんという神秘的な器官かと、本書に携わって再認識した次第である。手がけた本に『そもそも島に進化あり』（技術評論社）、『チリメンモンスターのひみつ』（偕成社）など。http://www.studio-porcupine.com/

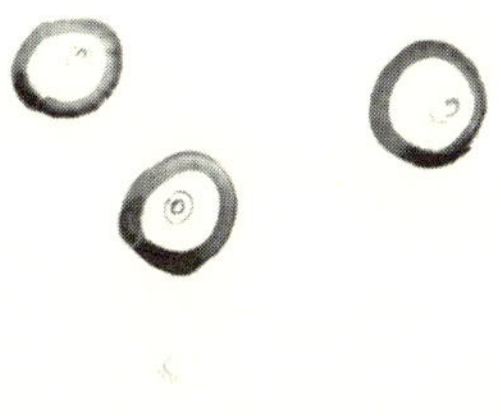

謝辞

この本の出版にあたり、出版を思いつくきっかけをくださった動物園ライターの森由民さんと共著者でもある帝京科学大学の並木美砂子先生、共同研究者であり共著者でもある帯広畜産大学の福田健二先生、そして、すばらしいイラストと挿絵を作成してくださった箕輪義隆さん、デザイナーの椎名麻美さん、装丁画のいぬんこさん、当初は化学記号の多い難解な内容であった文章を非常にわかりやすくし、そして読者が興味をもつように構成してくださったスタジオ・ポーキュパインの川嶋隆義さんと寒竹孝子さん、構成に関して適切なアドバイスをくださった技術評論社の大倉誠二さんに深く感謝申し上げます。
また、出版された研究データについて情報交換をしている共同研究者であるシドニー大学のマイケル・メッサー名誉研究員、スミソニアン環境学研究センターのオラブ・オフテダル博士、食品総合研究所の北岡本光先生、京都大学大学院生命科学研究科の片山高嶺先生、北里大学獣医学部の向井孝夫先生、貴重な情報を提供くださった帯広畜産大学の佐々木基樹先生、同じく押田龍夫先生、よこはま動物園ズーラシアの有馬一さん、ミルクオリゴ糖の研究に協力してくれた朝隈貞樹博士（元帯広畜産大学ポスドクCOE研究員、現在は農研機構独立行政法人北海道農業研究センター主任研究員）や研究室の卒業生諸氏、そして、私の海外出張にいつも同行し、研究者交流にも協力してくれた妻・浦島きよみにも深く感謝いたします。

浦島 匡

企画編集 ◎ 川嶋隆義　寒竹孝子（STUDIO PORCUPINE）
コラム ◎ 森由民
イラスト ◎ 箕輪義隆
装丁画 ◎ いぬんこ
写真 ◎ 浦島匡　川嶋隆義　近藤大輔　福田健二　Stewart Nicol
装丁 ◎ 椎名麻美

協力 ◎ 佐々木基樹　押田龍夫　有馬一　北岡本光　片岡高嶺　向井孝夫
資料協力 ◎ 帯広畜産大学　国立科学博物館　ミュージアムパーク茨城県自然博物館

生物《せいぶつ》ミステリー
おっぱいの進化史《しんかし》
発行日　2017年2月25日　初版　第1刷

著者 ………… 浦島 匡　並木美砂子　福田健二
発行者 ………… 片岡　巌
発行所 ………… 株式会社技術評論社
東京都新宿区市谷左内町21-13
電話 03-3513-6150 販売促進部　03-3267-2270 書籍編集部
印刷・製本 ………… 大日本印刷株式会社

定価はカバーに表示してあります。

造本には細心の注意を払っておりますが、万一、乱丁（ページの乱れ）や落丁（ページの抜け）がございましたら、小社販売促進部までお送りください。送料小社負担にてお取り替えいたします。
ISBN978-4-7741-8679-5 C3045　Printed in Japan